東京スリバチ街歩き

皆川典久

イースト新書Q
Q078

はじめに

摩訶不思議な谷間や窪地が、東京には数多く存在することをご存じだろうか？　それらは山間部で見られる山や谷といった類のものではなく、平らな土地をスプーンでえぐり取ったようなU字型の特徴的な地形で、「スリバチ状」と形容するのが相応しい類のものだ。自分たちはしばしば、「スリバチ状の〇〇」といった表現を用いるけれど、東京の谷間や窪地は、まさにそんなフレーズで呼びたくなるものばかりだ。建物に覆われた東京都心では、土地の起伏を意識することは少ないけれど、スリバチ状の谷間や窪地は意外なところで貴方を待っていたりする。そして、その出会いは突然やってくる。

自分は東京スリバチ学会の会長として、都内に潜在するスリバチ状の谷間や窪地を探し求めている。建設会社の設計部に勤務する傍ら、同期入社で遊び友達でもあった石川初《はじめ》氏（現在は慶応義塾大学教授）と一緒に２００３年に東京スリバチ学会を立ち上げた。それ以来、未知なるスリバチを追い求め、絨毯爆撃のような終わりのない街歩きを続けている。さらには出会った愛しのスリバチ達の観察と記録を続けてきた。学会設立時のエピソードは本書のコラム1（48ページ）で詳しく述べさせていただく。

本書は前作『東京スリバチ地形入門』（2014年、イースト新書Q）の続編として、様々なメディアに寄稿した「スリバチ地形が奏でる物語」を厳選し、書籍化したものである。その土地固有の「地形」に注目して、街の魅力を綴った一話完結の物語をオムニバス形式に集めてみた。だから、どこから読みはじめてもいい構成となっている。取材や執筆のために、知っていたはずの町を「地形」を意識しながらあらためて歩いてみると、その町の成り立ちや歴史を紐解くヒントが、地形と深く関係していることに気づく。その町の意外なるお宝を発見する糸口を見出すことも多い。そうしたアプローチは、本書で取り上げた町に限らず、どんな町でも適用できる有効な手法だと思う。

自分の場合、陽の当たらない「スリバチ状の窪地」を偏愛してきたが、自分を感化した「スリバチ」とは地形的な意味に留まらず、東京に潜在していた意外なる一面、あるいは「存在を忘れていた宝物」「見過ごしがちな大切なもの」といった意味も込めて使っている。だからその出会いは突然やってくる。

本書の寄稿文はいずれも2020年の春以前、すなわち新型コロナウイルス蔓延以前に書かれたもので、内容はほぼ当時のまま掲載することにした。あれ以降、旅行や遠出を控える人も多いと思うが、本書で取り上げた記事のように、「地形」を意識することで、身近な街においても、旅行の醍醐味と同じような新鮮な驚きや、思いがけないときめきが得られることがある。本書をきっかけに、あなたの街のお宝（スリバチ）を発見していただけたら幸いだ。

●目次

エピソード0

スリバチ状の谷こそ、東京を知るキーワード？

凹凸地形が育んだ江戸と東京

「山の手」と呼ばれる東京の都心部は坂の多いことで知られている。その理由は、東京ならではの独特な凹凸地形が深く関係している。東京の都心部は、青梅を頂点に扇状地状になだらかに傾斜する「武蔵野台地」と呼ばれる洪積《こうせき》台地の東端部に位置する。皇居（かつての江戸城）が武蔵野台地の突端に位置し、皇居から見て東に広がるのが下町の低平地で海岸平野とも呼ばれる。銀座や浅草など東京湾に近い城東地区が該当し、地形的には荒川が運んできた土砂が堆積した三角州、沖積低地だ。荒川の他にも隅田川や江戸川など、山間部から流れ出た規模の大きな河川が東京湾に注いでいる。一方の武蔵野台地の段丘面には石神井川や神田川、渋谷川、目黒川など、相対的には中小規模の河川が西から東へと流れている。それらの河川は上流にいくほど樹枝状にわかれた支谷（開析谷・侵食谷）を台地に刻みこんでいるが、その形状は山間部で見られるV字状ではなく、平らな台地面を抉り取ったようなU字状なのが特徴である。遡上するにしたがい「鹿の角」のように枝わかれした河谷では、先端部（谷頭）で、三方を丘で囲まれた「谷戸」と呼ばれるスリバチ状の窪地を多く観察できる。

山の手に点在する坂は、下りては上る向かい合う坂、すなわち谷越えの坂となっている場合が多い。それは上記で紹介した通り、台地に無数の谷間が刻まれていることに起因している。具体的には渋谷の駅を挟んで向かい合う、宮益坂と道玄坂がよい例だし、谷中では不忍通りの両側に団子坂と三崎坂が向かい合っている。渋谷・谷中ともに地名に「谷」の文字が含まれ、これらの街が谷地形であることを示している。

そのほかにも山の手では、四ツ谷、市ヶ谷、千駄ヶ谷をはじめ、雑司ヶ谷、茗荷谷など「谷」の付く地名が多く点在し、山手線の外側にも富ヶ谷、幡ヶ谷、阿佐ヶ谷、世田谷などの地名がならぶ。「谷」は東京を知る上でのキーワードに違いないのだ。

さて、現代の東京の街は江戸を基層として発展を続けており、都市の骨格は江戸の町割り（都市計画）を比較的そのまま継承していることが多い。そして江戸の町割りは、武蔵野台地と下町低地の地形的特色を活かして行われた。大まかにいえば、台地や高台には武家地が、低地や谷地などには町人地が、といった具合だ。実は土地の高低差や起伏に着目することは、その街の歴史を紐解くヒントになり得る。これは東京に限った話ではない。NHKの人気番組『ブラタモリ』はまさにその手法がどんな土地でも適用可能なことを示している。

ここでは山の手の凹凸地形、とくにスリバチ状の窪地に焦点をあて、現在の土地利用と江戸の歴史を紹介しておきたい。

公園に利用されているスリバチ状の窪地

江戸時代、清水の湧くスリバチ状の谷戸のいくつかは大名屋敷に利用されていた。湧水を堰《せ》き止めて池をつくり、池泉《ちせん》回遊式の大名庭園が築かれた。幕藩体制が崩壊し明治の世になると、屋敷跡地は政府関係の機関や各国の大使館、そして学校や病院など大規模な施設のために民間に払い下げられていった。資本家の自邸や社有の迎賓施設、ホテルの庭園へと転用された場所もある。それらのいくつかが公園として開放されているため、今でも自然豊かな谷戸の風景を楽しむことができる。そしてそれらの多くは江戸時代の遺構でもある。

内藤家の池泉回遊式大名庭園を継承する新宿御苑内の玉川園

①新宿御苑

都心にありながら広大な公園として開放されている新宿御苑。ここはかつて高遠藩内藤家下屋敷だった土地で、「玉川園」と呼ばれた回遊式の大名庭園が築かれたのは、現在の玉藻池周辺にあたる。スリバチ状の窪地に水を湛えている玉藻池は湧水池を起源とし、近くを流れていた玉川上水から水を引き入れたので「玉川園」と名付けられた。

新宿御苑内には上の池・中の池・下の池から成る日本庭園もあるが、こちらは近代になってから流れる川を堰き止めて造られたもの。一帯は旧町名で「千駄ヶ谷大谷戸町」と呼ばれた湿地帯だった。この谷間を流れていたのが渋谷川で、新宿御苑は渋谷川の水源のひとつでもある。

裏原宿として人通りの絶えないキャットストリートの地下に渋谷川が流れている。

園内を流れ出た渋谷川は、暗渠（地下に埋設した水路）となっており、水の流れを見ることはできない。千駄ヶ谷の谷間を南下し、その先はキャットストリートと呼ばれる遊歩道に整備されている。

②鍋島松濤公園

都心のスリバチ状の公園として、渋谷川支流の水源である鍋島松濤公園がある。松涛と呼ばれる高級住宅地は江戸時代、和歌山藩徳川家下屋敷および旗本長谷川家の屋敷があった土地で、明治初頭に旧佐賀藩主鍋島家がこの土地を購入し、東京府の奨励もあり茶畑を開いた。この茶園の名「松濤園」が町名になった。家屋敷内にあった湧水池はそのまま灌漑・防火用に転用さ

スリバチ状の窪地に水を湛える鍋島松濤公園の池。

れ、松涛が住宅地に開発される際、池周辺は東京市に寄付され、1950年に「鍋島松濤公園」として開園した。渋谷の繁華街至近にありながら、スリバチ状の谷戸の自然が保全されている好例といえる。

下町風情漂うスリバチ状の谷町

次に下町風情の残るスリバチ状の谷町、「山の手の下町」について紹介したい。もともと山の手の谷筋は湿地帯だった所が多く、江戸初期には主に水田に利用されていた。これらの土地の宅地化は、明暦の大火や関東大震災、戦災の復興期に急激に行われた場所が多い。谷間を流れていた川筋に沿うよう町割りが成され、宅地面積も細分化される傾向が多かった。細分化された宅地では一体的な開発が進行することは少なく、個々の敷地単位をベースに、小規模な建物の建て替えが比較的緩慢に行われてきた。台地で繰り広げられる大規模な都市開発とは対照的に、「山の手の下町」では庶民感覚の営みが続けられたわけだ。山の手の谷間に、ブラブラ歩きも楽しい古い街並みが残っているのはそんな理由からなのだろう。

③谷中銀座・よみせ通り（根津谷）

谷間で発展を続ける「山の手の下町」の代表が谷中である。上野の台地と本郷の台地に挟まれた、文字通り谷の中の街で、谷底には藍染川（谷田川）と呼ばれる川が流れていた。藍染川は暗渠化されたが、かつての流路はくねくねと蛇行するかのような「ヘビ道」として土地の記憶を留めている。

「夕やけだんだん」と名づけられた西向きの階段を下り、谷中銀座を進んで辿り着くのが「よみせ通り」。この通りも藍染川の流路跡にあたる。流れる川を暗渠化し、大正期に商店街として整備したものだ。よみせ通りの名は、かつてこの通り沿いに露店の「夜店」が多く並んでいたことによる。この界隈は、にぎやかな商店街の裏にも迷路状の路地が絡まり合い、伝統的な木造家屋をリノベーションしたショップやギャラリーも多く、ブラブラ歩

谷の町・谷中を望む夕やけだんだん。

蛇行する藍染川を暗渠化して整備されたよみせ通り。

きが楽しいエリアだ。

④戸越銀座商店街（藪清水谷）

「食べ歩きの町」「B級グルメロケの聖地」とメディアで紹介されることも多い戸越銀座商店街は、まさに「谷間の商店街」だ。

水田の広がる農村だった谷間が商店街へと変わったのは関東大震災後の復興期。被災した都心から多くの人が、当時は郊外だったこの地に移り住んだ。水田だった土地は整地され、川を暗渠化して新しい商店街がつくられたのだった。しかし元々は「藪清水《やぶしみず》」と呼ばれた水に恵まれた土地柄、道路をつくる際には逆に水はけの悪さに苦労したらしい。そんな悩みを抱えていたところ、「関東大震災で被災した中央区銀座では、壊れた煉瓦造の建物や舗装の瓦礫の処分に困っている」という話が聞こえてきた。商店街の人々は、早速この煉瓦の瓦礫を譲り受け、リヤカーで往復してこの地に運び、道路の整備に活用した。そんな街を挙げての一大イベントをきっかけに、商店街の名にも「銀座」を譲り受けた、というわけだ。

ちなみに「銀座」の名のつく商店街は、染井銀座や目黒銀座など都内にもたくさんあるし、全国的にも300を越えるといわれる。「銀座」の名はご当地商店街の代名詞になっているが「戸越銀座」こそが元祖、本家からその名を譲り受けた由緒正しい商店街なのだ。

このように、東京に数多く点在するスリバチ状の谷間や窪地は、特徴的な変遷を経て街の魅力の源泉となっている例が多い。したがって、そうした地形に着目すれば、広大な東京とはいたる所に「観光地」が点在する魅惑の街なのかもしれない。

次の章からは、ここで紹介した戸越銀座を皮切りに、東京（近郊）の街を具体的に取り上げ、実際に歩いてみて気づいたことを一話完結の冒険物語のようにして、お届けする。スリバチの魅力だけでなく、その町の気づかなかった魅力も感じ取っていただけたら幸いだ。

エピソード1

坂の下の街のものがたり

戸越銀座

これぞ谷間の商店街

谷間の街を歩くのが好きだ。坂を下りると隠里のような街と出会えることがある。谷に抱かれたような、意外性のある特別な場所。周辺とは空気感の異なる魅惑の谷町。

東京とは、そんな街が点在する摩訶不思議な大都会だ。「そんな街、何処にあるの？」と疑問を抱く人も多いはずだ。そこで、ひとつの事例として、まずはエピソード0でもご紹介した品川区の戸越銀座を詳しく紹介したい。

戸越銀座は「食べ歩きの街」とか「B級グルメロケの聖地」とか、最近はメディアで紹介されることも多いけど、まさに谷間の商店街。まずは戸越銀座周辺の地形図を見てほしい。東西に細長い谷地形に沿って、商店街が続いている様子がわかる。

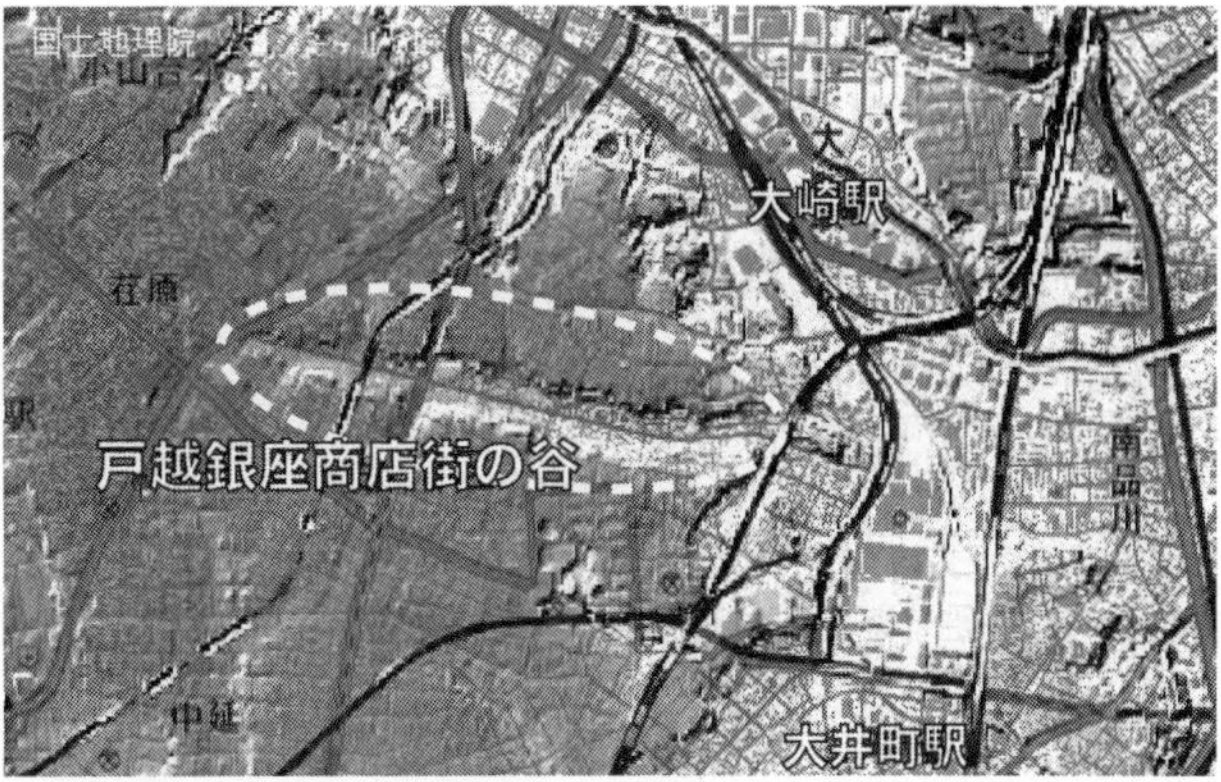

カシミール3Dで作成した戸越銀座周辺の段彩地形図。

最寄駅である東急池上線の戸越銀座駅、あるいは都営浅草線の戸越駅で下車し、戸越銀座商店街を東に向かって歩く場合、傾斜した谷筋をゆっくりと下っていくことになる。駅を出て、商店街を歩くときに足取りが軽やかなのは、商店街に誘われるウキウキ気分もあるけど、物理的に下り坂を下りているからでもあるのだ。

そして戸越銀座商店街は約1・3㎞もまっすぐ続いており、その規模は国内でも1、2らしい。

直線状の商店街の道筋がほぼ谷の底なので、交差点で左右を見ると、どちらも上り坂になっていることがわかる。坂の上は商店街とは対照的な静かな住宅地。地元の人が戸越銀座商店街に行くときは、坂を下りれば済むわけだ。家路につくときは逆に上り坂となる。

明治20年頃の戸越銀座周辺の様子（迅速測図）。

商店街ができる前、この谷筋には川が流れ、坂下一帯は実り豊かな水田だった。明治の地図を見てみると、水田の広がる谷間を見下ろすように、戸越村の集落が点在していた様子がわかる。

そんなのどかな農村地帯が商店街へと変わったのは関東大震災後だった。被災した都心からは、多くの人が被害の軽微だった郊外に移り住んだ。爆発的な人口増加にともなって、戸越銀座商店街が誕生する。水田だった土地を整地し、川を暗渠化して新しい商店街がつくられた。でもかつては「藪清水」と呼ばれた水の豊かな土地、道路をつくる際、水はけの悪さに苦労したらしい。そんな悩みを抱えていたところ「同じ関東大震災で被災した中央区銀座では、壊れた煉瓦造の建物や舗装の瓦礫の処分に困っている」という話が聞こえてき

どこまでもまっすぐな戸越銀座商店街。

た。商店街の人々は、早速この煉瓦の瓦礫を譲り受け、リヤカーで往復してこの地に運び、道路の整備に活用した。そんな街を挙げての一大イベントをきっかけに、商店街の名にも「銀座」を譲り受けた、というわけだ。

戸越銀座をぶらぶらと

ウンチクはこのくらいにして、戸越銀座商店街を実際に歩いてみよう。老舗やチェーン店、最近オープンしたと思われる店など、約４００もの個性的な店が軒を連ね、ブラブラ歩きが楽しめる商店街が延々と続いている。大きなスーパーなどは少なく、個人商店が続くので、通りに面したお店をながめるだけでも楽しい。ベビーカーを押す主婦や、手をつないで仲睦まじく歩く老夫婦など、みんな自分のペースで通りを歩いている。時おり車が入ってはくるけど、歩行者優先を心得ているようで、遠慮がちにゆっくりと通り過ぎてゆく。店先に並べられたテーブルでは、店で買った唐揚げや焼き鳥を食べている人達もいる。交差点で左右の坂道をながめ、谷にいることを実感していると、のんびりと坂を上ってゆく猫ちゃんがこちらを振り返った。どこからともなくカレーの香りや蚊取り線香の匂いが漂ってくる。

懐かしい金物屋さんや履物屋さんが現役で営業し、リサイクルショップやマッサージ店などが多い気がする。リサイクルショップが多いのは、銀座の煉瓦を再利用した街の歴史が引き継がれているみたいで面白い。こだわりのオーナーがはじめた珈琲屋さんとか、素材にこだわったお総菜屋さん、おしゃれなベーカリーなどもあり、女性や一人暮らしの人たちにも人気がありそうだ。店先には「戸越銀次郎」と呼ばれている街のマスコットキャラが、所々でこちらを見

坂を上る猫。

ている。元気いっぱいで無邪気な笑顔に一瞬戸惑う。よく見ると、手に持つアイテムがお店によって違うようだ。なんか微笑ましい。

焼鳥屋さんの前のテーブルでは、仕事帰りのサラリーマンらしき人たちが、まだ明るいのにビールを片手に盛り上がっていた。商店街を進んでゆくと、プラモデル専門店があることに驚く。店の中を覗いてみると、1／700スケールで統一された艦船のプラモデル「ウォーターラインシリーズ」の箱が積まれている。高校生の頃、受験勉強もせずに、日本帝国海軍の戦艦や航空母艦・巡洋艦をつくり続けていたことを思い出した。故郷の実家に置いてきた自慢の連合艦隊を母は捨てていないだろうか？

懐かしい気分に浸り、先ほど見かけた焼鳥屋さんに入ってみた。中ジョッキとネギまを注文する。焼きたての鳥肉はジューシーでホクホク、炭火で焼いたネギの香りが食欲をそそる。ビールで喉を潤し、縁日のように賑わう街並みをぼんやり眺めながら、大好きだったプラモデルづくりのことを思い出す。勉強部屋に籠りながら、よくも飽きずに大量の軍艦類を組み立てたものだ。あの情熱を勉学に注ぎ込んだら人生が変わっていたかもしれないな。金剛型戦艦の両舷にずらりと並んだ副砲の仰角をカスタマイズしたり、空母の高射砲の砲身を熱で伸ばしたランナーでつくり直したり。でも長い時間を費やして完成させた自慢の連合艦隊を、友達はあまり喜んではくれなかった。こだわりの部位にもまったく気づいてくれなかった。所詮は個人的な趣味に、誰もが共感してくれるとは限らないのだ。となりで盛り上がっているサラリーマンたちも、上司の悪口を言い合っているだけだった。長居するのも野暮だと思い、席を立とうとしたところ、通りかかった長身の女性に声をかけられた。

「あれ、会長じゃないですか。お久しぶりです。でもどうしてここにいるんですか？」

「ここが谷だからさ」

意表を突かれたように、その女性は大きな瞳でこちらを見ている。そうそう、自分が主催したマニアックな街歩きイベントに何度か参加してくれた女性だ。会うのは5年ぶりくらいかな。数年前に結婚をしたのはSNSで知っていたけど、言葉をつなげてみた。

「これから食事に行くのだけど、一緒にどう？」

夜の帳が下りた商店街をちょっとだけ歩き、目に留まった中華料理屋さんに入ってみた。

人も猫も、谷間に集まる

家族連れやひとりで食事をする人、円卓を囲んでの宴会など、ほぼ満席のお店はとても賑やかだった。中華料理が小皿でオーダーできるので、いろいろな料理が楽しめるのも嬉しかった。地元では有名なお店らしい。二人でも、たくさんの皿がテーブルを彩り、宴会みたいで何か楽しい。

彼女は結婚をしてからここ戸越銀座に越してきたとのこと。商店街を東に行ったマンションに住んでいるらしい。戸越公園から流れ出た支流との合流地点辺りかな、と地形図を頭に思い浮かべてしまうのは、いつもの悪いクセだ。

「猫と暮らしを楽しめるユニークな賃貸マンションがあるって聞いて戸越銀座に引っ越してきたんです。猫専用の小さな扉が部屋についていたり、猫が爪を壁で研いでも壁紙が張り替えられたりと、いろいろと気の利いた建物なんですよ」

そういえば戸越銀座では猫をたびたび見かけたことを思い出す。猫は居心地のよい谷間に多いのだ。

「部屋の中には、猫が自由に飛びまわることのできる棚がたくさんついているんです」

と、ユニークな部屋の写真をネットで検索して見せてくれた。確かに猫がジャンプしたり走り回ったりするには、いい仕掛けかもしれない。部屋の中を自由に飛び回る猫を想像したら、容赦ない猫によって、自分が精魂込めてつくり上げた1／700ウォーターラインシリーズの艦船群が無残に破壊されるシーンを思い浮かべてしまった。何よりも大切な空母4隻からなる自慢の機動部隊が、猫パンチによって、いとも簡単に壊滅的打撃を被る悪夢が脳裏をよぎる。甲板で出撃命令を待つ、丹精込めて塗装した艦載機も全滅だ。

自分が暗い顔をしたためだろうか。彼女が明るい声で話しかけてきた。

「さっき見た戸越銀次郎って、猫がモデルなんですよね！」

「へぇー」

「ネコ目ネコ科の野良猫で学名はホシネコです！」

「ふぅーん。虎かと思ったよ。頭に柄があるし、黄色いし」

商店街のキャラが虎では無理があるな、と思いつつ「谷間のキャラが猫」という発想にひどく納得してしまった。戸越銀座に限らず、谷間にある街では猫をよく見かける。道路もさほど広くはなく、車も入りにくい狭い路地や街路は猫にとって居心地のよい場所に違いない。そして谷間にある商店街の多くは、猫に限らず人にとっても歩いて楽しめる優しさがある。丘の上の住宅地とセットになって、隠里のような谷町のいくつかが昭和の雰囲気を残し今でも健在だ。それは自分が谷間の街をめぐり続ける理由のひとつでもある。戸越銀座はその典型的な街なのだ。

でも惹かれる理由はノスタルジーだけでは語れない、住みたくなる街の本質的な条件がそこにあると思う。

歩きながらのんびりと時間を過ごせる街。

ひとりでも自分の居場所が見つけられる街。

過去の記憶が折り重なり、歴史が継承されている街。

そして、住民みんなに愛されている街。

戸越銀座って、それらの多くが当てはまるように思う。

そして東京の場合、「谷間」という地形条件とも重なっている場合が多いのだ。


「さっきから何を考えているんですか？」

「あっ、谷間のことを……」と言いかけ、彼女の胸元を見ないよう中華料理に視線を落とした。

エピソード2

凹凸地形が育む街の個性

赤羽

酒と坂の街、赤羽

土地の高低差が街の個性を育み、街並みに意外な奥行き感を与えていることがある。

東京で「山の手」と呼ばれているエリアは坂道が多い。そして坂を上る、あるいは下りることで街の雰囲気が一変する場面にしばしば出会う。坂の上と坂の下では、性格の異なる街が崖を境に隣り合っているためだ。だから街角で坂道や階段を見つけたら、面倒がらずに上り下りを楽しんでみてほしい。あなたの知らない世界が待っていることがある。北区の赤羽は、特有の凹凸地形を持ち、そんな楽しみが味わえるおすすめの街である。

ある日、地方での設計提案のプレゼンテーションが無事に終わり、東京へと戻る電車の窓から、秋色に染まりつつある郊外の風景をぼんやりと眺めていた。リノベーションを骨子にした設計提案はクライアントに受け入れられたのだろうか。この2カ月間、会社の同

カシミール3Dで作成した赤羽駅周辺の段彩地形図。

僚とチームを組んで議論を交わしながら提案づくりに没頭し、まとめ上げた自慢の提案だった。

電車が長い鉄橋を渡りはじめ、車内に「次は赤羽」というアナウンスが流れてきた。昼飲み・せんべろの聖地として有名な赤羽であるが、地形マニアの自分にとっては思い出の土地でもあった。地形に着目し街歩きをはじめた15年前、土地の起伏の激しさと街並みの面白さに魅了され、見知らぬ街の冒険へといざなってくれた土地、それが赤羽なのだ。

納得できる提案に仕上げるため、ここしばらくは残業続きの日々だった。本日の帰社は諦めることにしよう。人生、山あり谷あり、働き方にもメリハリが必要なはずだ。赤羽には山も谷もある。プレゼンテーション後もクライアントのオフィスに残り、打ち合わせを続けていた会社の同僚に「赤羽で打ち上げをやろう！」とメールでメッセージを残し、途中下車をして赤羽の街を久しぶりに歩いてみることにした。

赤羽の城跡をぶらぶらと

赤羽駅西口から出て、日光御成道（岩槻街道）と呼ばれた街道を歩き、まずは稲付城跡を目指すことにした。日光御成道とはその名の通り、江戸時代に将軍が日光に参詣する道として整備されたものだ。街道沿いにはかつて町屋が軒を並べていたが、現在は道路拡幅と区画整備が進み、街並みは様変わりした。ただし街並みをじっくりとながめると、間口が統一された道路沿いの建物が、かつての宿場町の記憶を伝えていることに気づく。赤羽の繁華街は岩槻街道の宿場町・岩淵本宿として栄えたのが起源なのだ。

清勝寺（稲付城跡）へと上る急な石段。

街道をしばらく歩いて右に曲がると、急峻な崖と、崖にはりつくように斜面を上る石の階段が見えてきた。丘の上は清勝寺の境内だが、戦国時代には太田道灌《おおたどうかん》が築城した稲付城があった土地らしい。たしかに地形的に三方向を急な崖で囲まれた、まさに天然の要害で、城に相応しい地勢に思える。太田道灌は江戸城を開いたことで知られているが、荒川や利根川の広大な平野を望む、北方への備えとしてこの城を築いたのだ。都内には中世の城跡が数多く点在しているが、牛込城や石神井城など、どれも地形的に特徴のある場所に造られていることがわかる。地形に敏感になると、江戸時代以前の地歴が見え隠れしたりする。

上ってきた参道を振り返り、崖下に広がるかつての宿場町を見下ろす。建造物は残されていないけど、土地の形状はこの地で繰り広げられた歴史を伝えてくれる。戦国の武将たちは、どんな想いでこの風景を眺めたのだろうか。台地の中央、清勝寺の境内へと足を進めた。人影のないお堂の前で猫が昼寝をしていた。エピソード1で「猫は谷間を好む」と書いたばかりだが、丘の上でも居心地がよければ猫は佇むのだ。

猫もまどろむ清勝寺の静かな境内。

清勝寺を出て、上ってきた参道とは反対側へと進むとすぐに崖を下りる急な階段が待っている。慎重に階段を下りながら、谷間のビューを楽しむ。とくに赤羽の場合、反対側の台地が近いため、凹凸地形を把握しやすい。谷底にはかつて小川が流れていたが、現在は暗渠化され商店街に整備されている。通りの名は弁天通り。その名の由来となった弁天池と亀ヶ池弁財天が商店街の裏にひっそりと残されている。元々は大きな池だったが、この地に工場が進出した際、大半が埋め立てられ、現在の池の姿になったのだそうだ。この地にあった大きな池は稲付城の水堀だったともされている。凹凸地形には郷土の歴史を紐解くヒントが隠されている。

清勝寺裏の階段を下りながらスリバチビューを楽しむ。

弁天通りの谷間をかつて流れた小川の水源は、すぐ近くの赤羽自然観察公園内にある。ここから徒歩で10分もかからない。山奥に行かずとも水源探索がこんな街なかで楽しめるわけだ。水の湧く場所はパワースポットとしても人気があるそうだが、身近にそんな場所が潜んでいるのも赤羽の魅力だと思う。

スリバチ地形ならではの絶景

弁天通りから逸れ、三日月坂という急な坂道を上る。道端の道路標識によれば坂の斜度は20度もあるそうだ。坂を上り切り、振り返ると谷間を俯瞰する絶景が眼下に広がった。その驚きと爽快感を自分は「スリバチの空は広い」と表現している。対岸の丘では高層のアパート群が谷間を見下ろしていた。整然としたアパート群は赤羽台団地で、戦時中は陸軍の被服本廠《しょう》（廠は工場のこと）があった場所だ。赤羽の台地には、他にも旧陸軍の兵営や兵器支廠など軍関係の施設が多く置かれていた。もともと台地の上には人家も少なく、用地も確保がしやすかったのだろう。

三日月坂より弁天通りのある谷間を見下ろす。遠くに見えるのが赤羽台団地。

三日月坂を上った先に「喜久屋」という和菓子屋さんがある。以前に訪れた際にも立ち寄ったお店だ。昔と変わらず現役で営業している店の佇まいに、旧友に再会したような懐かしさがある。引き戸をくぐるとご主人が店の奥から出てきた。終戦後に、この界隈が住宅地として開発されたのに合わせ、店を開い

1900年頃の赤羽周辺の様子（カシミール3Dを使って加工）。未利用だった台地の上には陸軍関係の施設が相次いで建設されていった。

たとのことで、当時は今よりも賑わっていたという。ショーケースにならぶ和菓子はどれも美味しそうであったが、街歩きの途中なので豆大福を購入した（糖分と塩分が摂取できるので）。

そのまま静かな住宅地を歩くことにした。この辺りは通過交通もなく落ち着いて散歩を楽しめる。しばらく行くと香取神社に辿り着いた。稲付城跡と同じく、岬状の台地突端にあり、境内が崖で縁取られているため絶景スポットでもある。一気に開けたスリバチビューに思わず「おーっ」と言ってしまう。相対する丘との間には、波打つような屋根がどこまでも続き、海原を眺めているようだった。眼下に横たわる細長い谷は稲付谷と呼ばれ、かつては稲付川という川が流れていた。宅地化とともに稲付川は暗渠化されたが、元は農業用水としても利用された川だった。北耕地用水とも呼ばれ、上流部で石神井川から引水し、荒川にかけての平野一帯に開墾された水田へと水を届けていた。しかし荒川が洪水になると、岩淵本宿などの村々で干していた稲が崖下に流れ着いた。それが稲付川の名の由来だ。

店頭に並ぶ和菓子はどれも美味しそう（喜久屋は2020年末に閉店されました。馴染みのお店がなくなるのは寂しいですが、長い間お疲れさまでした）。

香取神社に限らず、こうした岬状の地に神社が祀られ、地域に開かれているケースは多い。もっとも目立つ「村の鎮守」は誰にも公平で、訪れることの叶う場所だ。そして、いにしえから継承された公共空間は、街の歴史を語る証人でもある。だから凹凸街歩きでは、神社にはお参りをするように心がけている。

スリバチから湧き出る水を追って

絶景の台地を後に、再び谷あいの街へと下りてゆ

香取神社から稲付谷を見渡すスリバチビュー。

く。曲がりくねった路地が複雑に絡んだラビリンスのような街が続いている。先ほどまでいた整然とした台地の街とは対照的である。路地では子どもたちが路面に落書きをして遊んでいた。しばらく行くと北向きの斜面を整備した清水坂公園に辿り着ける。公園内に「自然ふれあい情報館」という山小屋風の建物があったので一休みすることにした。館内に入り、児童向けの展示をぼんやりと眺めていると、建屋の裏にひっそりと小さな池が残されていることに気づいた。コーフンを隠しながら、係の女性に声をかけてみた。

「裏庭に池がありますね。自然の池ですか？」

「ええ、あの池は湧水を溜めたものですよ。崖の下では今でも湧水が見られます」

清水坂という名からしてアヤシイと思っていたので聞いてみてよかった。スリバチ学会として湧水には敏感なのだ。

スリバチ状の清水坂公園を上ってゆくと、高台の閑静な住宅地にたどり着く。碁盤目状の住宅地は同潤会が分譲した十条住宅地である。同潤会と言えば、原宿や代官山にあったＲＣ造のアパートを思い浮かべる人が多いと思う。同潤会は、関東大震災後に復興事業の一環として、住宅の不燃化と高層化に取り組んだ財団法人だ。しかし、国が戦争体制に入ってからは、建設費の高かったＲＣ造の集合住宅供給から、木造分譲住宅の供給へとシフトしていった。かつて多くの軍事施設があった赤羽では、軍需産業に従事する労働者向けの分譲が行われたが、十条住宅地もそのひとつだった。分譲当時の木造住宅は残っていないが、整然とした町割りはそのままなので、当時の面影を偲ぶことができる。

十条住宅地の高台と稲付谷を挟んで対岸に広がる台地面に、計画的に開かれたのが西が丘の同潤会分譲地だ。碁盤目状の街路と広い区画、そして分譲時に植えられた桜の木が高級住宅地の風格を醸し出している。昔ながらの和菓子屋さんや畳屋が今でも営業中なのが嬉しい。赤羽住宅地の歴史性とバリエーションの豊富さには感嘆せずにはいられない。

自然ふれあい情報館の裏庭に残された湧水池。

スリバチ状の清水坂公園。

そして西が丘住宅地の北側を縁取っているのが、スリバチ状の谷間を公園化した赤羽自然観察公園。園内には、浮間地区にあった江戸時代の民家・旧松澤家住宅が移築されていて、当時の農家の暮らしを体験することができる。

地形マニアとして何よりもおススメなのが、古民家の裏で見られる湧水が流れる小川だ。谷頭から湧き出た水が木立を抜け清流となって園内を流れている。先日まで続いた秋の長雨の影響か、流れる水の量が以前より格段に多い気がする。雨がたっぷりと浸透すれば自然湧水が豊富になる、そんな土地ポテンシャルをあらためて知らされる。この川の下流部こそが、最初に立ち寄った弁天池のある谷筋なのだ。随分と歩き回ったが、あまり進んではいない。

廃線跡にそびえたつ団地群

谷戸風情たっぷりの赤羽自然観察公園を後に、ふたたび台地へと上る。振り返ると木立の隙間から、陽に照らされた谷戸と清らかな水の流れが輝いて見えた。台地の上で待っているのは赤羽台団地。ところで、地図をじっくりとながめると、広大な団地をゆらゆらと横切り、彼方へと続く一筋の線が描かれていることに気づく。ゴーストのようなこのラインは貨物線の廃線跡。台地の上に造られた陸軍兵器支廠へと物資を運ぶために築かれた軍専用の鉄道跡だ。現在は赤羽緑道公園として整備され、かつての線路に沿って歩くことができる。軍都赤羽の記憶を伝える遺構とも呼べそうだ。線路が敷かれた地は、八幡谷と呼ばれる細長く屈曲した谷間。近くにある赤羽八幡神社から付けられた名だ。八幡谷を挟んで赤羽台団地の対岸にあるのが桐ヶ丘団地で、こちらも旧陸軍の兵営地に造られたマンモス団地だ。

廃線跡を整備した赤羽緑道公園。

廃線跡の緑道から逸れ、久しぶりの赤羽台団地に立ち寄ってみることにした。

赤羽台団地は高層のアパートへと建て替えが進んでいた。白いピカピカの高層アパートが青空に映えていた。1階から直接入れる住戸や、安心して子どもが遊べる中庭など、いろいろと工夫が凝らされているようだ。子どもたちの声が響く中庭を抜けながら、以前この地にあった4、5階建ての「団地」風景を思い出していた。

かつて訪れた赤羽台団地は入居から50年近くの

歳月を経て、威厳と風格さえ漂わせていた。1階を店舗にあてて賑わいを生む工夫が成され、間取りが変更できる仕掛けなど意欲的な取り組みもあった。その崇高な姿勢は、同潤会が果たせなかった夢にチャレンジするようで頼もしく思えた。

高層建物の隙間から、中層の「団地」が目に飛び込んできた。赤羽駅に一番近い、崖際の一角だけ、かつての団地が残されていたのだ。マニアの間では「団地の花」とされるスターハウスも何棟かが健在だった。「くらげ公園」と名づけられたユニークな中庭型の小公園も残されていたが、園内には誰もいなかった。

くらげ公園のベンチに腰を掛け、昭和の面影を残す古い団地を眺めながら、先ほどのプレゼンテーションを思い出していた。既存建物を極力残し、新しい機能を付加させ、魅力を高める提案だった。コスト抑制が提案理由のひとつではあったけれど、何よりも、これまで使ってきた建物への愛着や思い出を大切にしたいと思った。クライアントのポリシーが色濃く結実した建物で、社の誇りと自信をも感じ取れたからだ。とはいえ、効率や経済合理性とは違った側面の提案に、踏み込むにはそれなりの覚悟があった。

団地を背に駅へと歩きはじめたら、台地の先端にたどり着いた。眼下に広大な谷間が広

スターハウスの凛とした佇まい。スターハウスとは上空からみるとY字型をした、1フロア3住戸のプランを持った中層アパートのこと。

くらげ公園と赤羽台団地の雄姿。

がり、谷あいの集落のように密集した住宅街が夕陽に照らされていた。台地の上の団地とは、異なるタイプの街が隣り合わせに共存している。計画的な街と自然発生的な街が並列している。それが赤羽の街の特徴であり奥深さなんだと思う。

明かりが灯りはじめた夕暮れ時の住宅街を眺めていたら、会社の同僚から赤羽駅に着いたとの連絡が入った。坂を下り、赤羽駅で同僚と落ち合った。

街とハムカツ

赤羽駅の東口を出ると通りに人が溢れ、まるで縁日のようだった。先ほどまで歩いていた台地の上の閑静な住宅地や整然とした大規模団地とは対照的だ。通りにまで炭焼きの煙と匂いが漂い、赤ちょうちんのぶら下がる狭い路地に人が行き交う。立ち飲みで賑わう一角を過ぎ、老舗感たっぷりの居酒屋の暖簾をくぐってみた。店はすでに多くの客で賑わっていた。

キンキンに冷えたビールがテーブルに届く。他のみんなには悪いが、歩き回った後のビールは格別である。

「赤羽の東口って、こんな感じでいい飲み屋さんが多いけど、西口の先は意外にも閑静な住宅地なんだ。知人が西が丘に住んでいて、訪ねたときにそのギャップに驚いた記憶があるよ」

チームを組んだ同僚は赤羽の街の奥深さを知っているようだ。彼は続けた。

「線路を隔てて街の雰囲気が一変することって、よくあるだろ」

正確に言うと赤羽の場合、鉄道ではなく崖が街の雰囲気の違いをつくり出している。でも訂正するのは止めておいた。赤羽の場合、平野部が宿場町や農村だったのに対し、水の得にくい台地は土地利用が進まなかったため、軍関係の施設に利用された歴史を持っている。土地利用の違いが街の表情、あるいは雰囲気をつくっているのだ。

「気分に応じて、遊ぶ街を選べるって楽しいな。赤羽みたいにいろんなものが同居し、選択の自由もある。赤羽って、まさに都市の縮図なのかもしれないな」

建築をかじっている同僚は都市へのまなざしも強い。自分も先ほど感じた思いを反芻していた。タイプの違う街が並列し、共存する街。土地利用の違いが育んだ街の個性、そして地形が紡いだ街の変遷。赤羽は飲兵衛だけにではなく、地形マニアにとっても聖地なのだ。同僚は続けた。

「選択肢があるのは豊かさの証かもね。そうそう選択肢といえば、プレゼンの後に施主の印象を聞いてみたけど、リノベーションの提案は他社にはなかったみたいだよ。建て替えが前提だと競合他社は思っていたようで、歴史や記憶の継承をメインテーマに掲げた提案は確かに印象に残ったみたいだ。自分たちの選択肢は間違っていなかったのかもね」

リスクはあったがクライアントの心に響く部分があったのかもしれない。嬉しさのあまり、「みなで議論した甲斐があったね。すべてを新しいものに入れ替える手法に、疑問を呈す人が増えたのかもね。建物や街にも思い出は必要だしね。人と同じように」と言ってから、ポエムみたいだなと思った。でも同僚はツッコミも入れずに返してくれた。

「変わるものと変わらぬもの、時代に応じて変わるべきものと、変わっては欲しくないものもあるよね。その見極めが大切になる。選択肢が多い自分たちにとってはとくに」

そんな建築・都市にまつわる熱い議論を交わしていたら、オーダーしたハムカツがテーブルに運ばれてきた。そのハムの厚みに一同驚愕した。しかもハムは高級なタイプのハムだ。

「自分が食べてきたハムカツのハムはもっと柔らかい安価なハムだったよ。そしてこんなにも厚いハムは見たことがない！　そもそもハムカツはトンカツの代用なんだから、チー

運ばれてきたハムカツのハムが厚い。

プ感が大切なんだよ」

同僚が建築論の延長で熱弁を振るいはじめた。たしかに自分が子どもの頃、学校帰りに寄り道をして肉屋さんで買ったハムカツのハムは薄っぺらかった。でも塩分多めの味がたまらなかった。故郷のあの肉屋さんは今でも健在なのだろうか？　今日立ち寄った和菓子屋さんのように、個人にとってはちっぽけな思い出かもしれないけど、街にとってはかけがえのない「記憶」なのかもしれない。

「熱いうちにハムカツを食べよう！」

同僚の言葉にわれに返り、「ハムカツの存在は不変でも、ハムは時代によって変わるのかもね」と話題をつないだ。

「じゃあハムカツの進化を、赤羽の街で確かめてみよう！」

先ほどまでの建築談議が随分と庶民的な話題に転化してしまったな。まあいいか。オヤジの飲み会なんてこんなもんだ。自分たちは次の店でも「ハムカツを頼むこと」を縛りにして、まだ見ぬ分厚いハムを求め、今夜も熱い夜の赤羽へと繰り出していった。

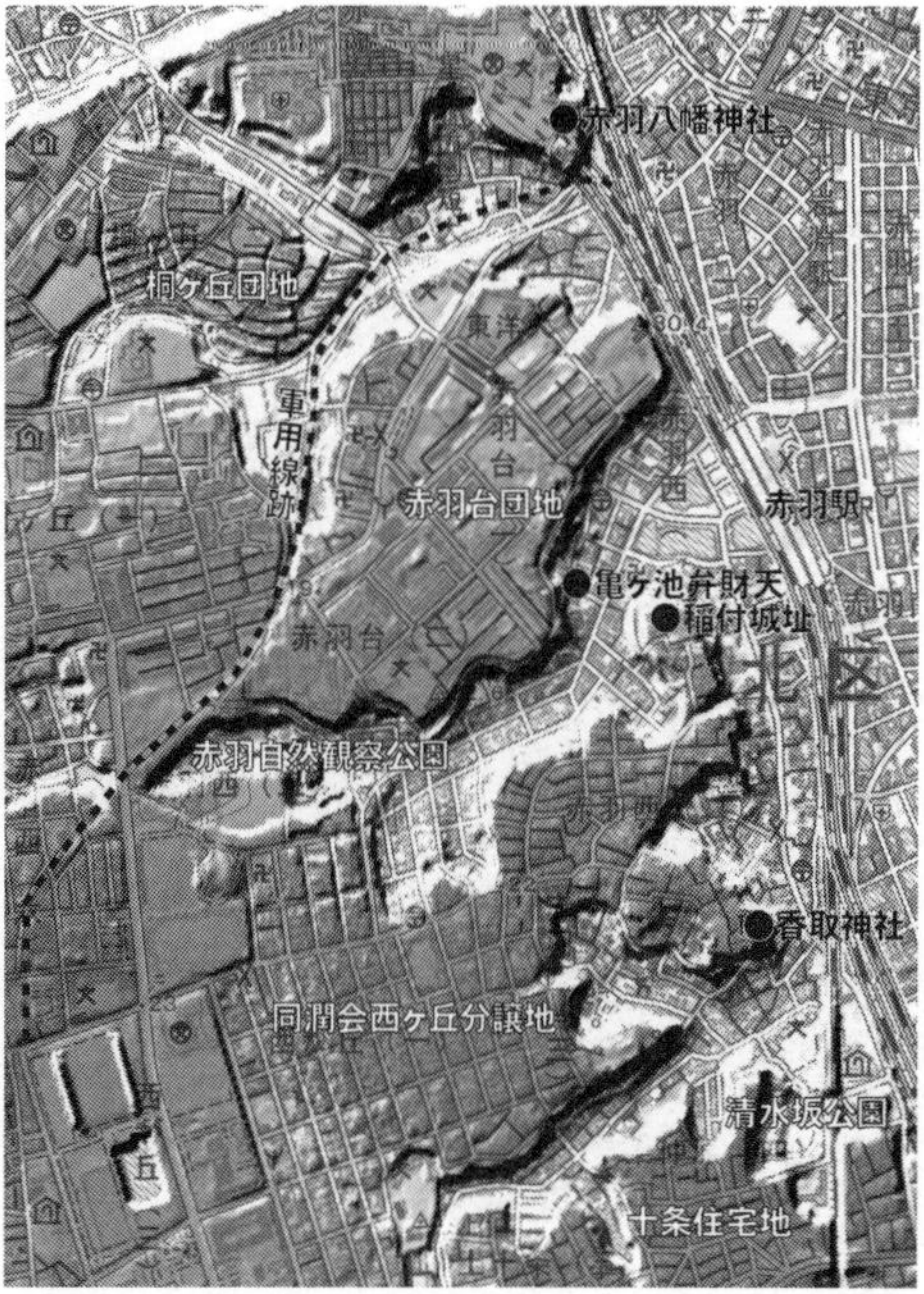

本エピソードで紹介した赤羽周辺の見どころスポットを凹凸地形に記載した。

コラム1

東京スリバチ学会誕生秘話

スリバチとの出会い

石川初氏とスリバチを歩きはじめてから、まもなく20年になる。

それ以前からも石川氏ほか自分の友人知人を連れて、東京都内をとくに目的地も定めずに歩き回っていた。石川氏は海外での勤務が長かったこともあり、東京の街が面白くて仕方なかったようだ。彼の興味は、家の前に溢れた鉢植えや、商店街に吊るされた造花など雑多で、取るに足らないモノたちに対する愛着や、彼の研ぎ澄まされた観察力とユニークな視点からの洞察など、路上で繰り広げられる彼の青空講義にみな感心させられていた。田舎者の自分にとっては、賑やかな街を歩けるだけでワクワクしていたが、主に注目していたのは、近代的な建物のすき間から顔を覗かせる古い家屋や、いい味を醸し出しているビルたちだったのだと思う。

みんなでワイワイ歩くのは楽しいが、ひとりブラブラするのも格別で、移動の途中で、目的地手前で地下鉄を下車し、見知らぬ街を徘徊するのは地方出身者の自分にとっては十分に冒険に思えた。

ある日、赤坂にある会社に戻る途中、広くわかりやすい道を帰るのではなく、一本裏の道に入ってみたら驚いた。大通りの裏手は急な崖で落ち込み、谷の底には見覚えのない街が広がっていた。会社が近くのはずなのに、自分の知らない異次元のような不思議な空間。表通りは近代的で華やかなビルがデザインを競い合っているが、裏の窪地では木造家屋や長屋の連なる庶民的な住宅地が広がるといった対比的な別世界があった。そしてその界隈には同じような場所がいくつもあり、見知らぬ窪地を訪れるたびに、その意外性に驚いていた。古い家屋が残る谷間は崖で囲まれ、自分にとってはそのスリバチ形状の窪地がとても不思議であり新鮮に思えた。そして未知なるスリバチ状の窪地を見て回りたいと思った。

ある日、会社の自席に立ち寄った同僚の石川初氏にこの話題を振ってみた。会社勤めのフツーの人なら白い目で見る、あるいは引くような話でも、彼は異常に興味を示したり、先回りして丁寧に解説してくれることもあった。恐る恐る彼に打ち明けてみた。「東京スリバチ学会」をつくろうと思っているのだけど、と。今回も彼は、簡単な説明ですぐに主旨を理解してくれた。元々、東京の地理や地形に詳しい彼は、すぐにノリノリで浮かれはじめ、たまたま自分の後ろに座っている新人の女性が、そのあやしい話に食いついてきた。なんでも彼女の卒業論文は渋谷の谷地形を題材としたものだという。

活動初日に台風襲来

そんなことで東京スリバチ学会は3人であっさりと結成され、さっそく週末にフィールドワークに出かけよう、ということとなった。記念すべき第1回の探索地は、「オープンした六本木ヒルズが見たい！」という自分の勝手な思い付きで、あっさりと六本木界隈を歩くことに決まってしまった。今でこそ「六本木周辺は典型的な凹凸地形と都市景観が観察できるスリバチの聖地」みたいにハズせない探索エリアなのだから不思議だ。

しかし、記念すべきスリバチ歩き最初の日、東京地方は巨大台風の直撃を受け、朝から激しい雨風に見舞われてしまった。当然中止だろうと、自宅でのんびりと休日の朝を過ごしていたら、突然電話が鳴った。石川の元気な声が受話器から響いてくる。「行くよ」「えっ嘘だろう？？」まあ、彼がノリノリのときは予期せぬことが起こるものだ。彼は「何か」を持っているのかもしれない。ということで、風で壊されそうな安価な傘を携えて、待ち合わせ場所である地下鉄日比谷線の神谷町駅へ向かった。スリバチ歩きの起点が谷の名がつく神谷町というのもおつなものだと思っていたが、地名の由来はどうやら、江戸時代に大縄組屋敷を拝領した下級武士達の出身地、三河国神谷村に因むとのことである。残念。しかし神谷町の名は改名されたもので、それ以前は西久保田町と呼ばれていたそうだ。これはこれでスリバチ臭プンプンの地名である。すなわち、「久保」とは「窪」が転化したものだろうし、「田町」とは元々沖積低地の水田地帯を開発してできた町人地によく付けられる地名だからだ。今にして思えば、第1回のスリバチめぐりの集合場所として相応しかったわけだ。

さて一行は、地面の凹凸を気にしながら下を向き、人気《ひとけ》のない神谷町周辺を怪しげに徘徊した。ますます風雨が激しくなる中、傘を飛ばされそうになるが、丘の上にそびえる六本木ヒルズを目指すことにした。そして、再開発地の中にある、けやき坂という整備された並木の歩道を歩いているときだった。かつてこの界隈の複雑な地形を面白がって上り下りしたことを思い出した。そう、六本木ヒルズができる前のけやき坂辺りには、崖で囲まれた窪地と麻布や六本木界隈とは隔絶されたかのような静かな住宅地があったのだ。そして台地から窪地へと下りる、路地状の階段がいくつかあったことの記憶も蘇ってきた。自分の足は、けやき坂から1本裏のさくら坂へ、そして六本木ヒルズの再開発地の境界部分を目指していた。土砂降りの中、2人が仕方なくついてくる。

そして3人は驚くべき光景を目にしたのだった。それは谷底へと下りる長い階段の下半分が、地面に埋もれていたのだ。おそらく崖状の谷間を、なだらかな傾斜地に整備するために谷間を埋める際、階段も埋まったのだろう。自分の故郷、群馬県の嬬恋《つまごい》村には、浅間山の噴火で下半分が埋もれたという伝説が残る神社の参道があるが、まさにそれを思い起こさせる光景だ。この埋もれた階段近くには、再開発に参加しなかった民家が残されているが、もともとの地盤面から宙に浮くよう、鉄骨の構造体の上に乗せられているのも確認できた。思わず興奮していたのは自分だけかと思っていたら、同行した二人も世紀の大発見のように歓喜していた。やっぱり3人で来てよかったね。

余談であるがスリバチ学会のフィールドワークは雨に降られることが多い。雨の中、文句も言わずについてくる、もの好きな参加者たちには、「気圧の谷もいいよね！」と無責任にごまかしているけど、やはり晴れた日の気持ちよさには代えがたい。ちなみにスリバチ初日を襲った台風とは気圧の一級スリバチと言えなくもない。今にして思えばやはり、運命づけられた初日だったのかも知れない。

エピソード3

光に満ちた坂下の街

麻布十番

坂好き・歴史好きにとっても憧れの街

　麻布十番。こんなにも都会的で東京っぽい響きを持った地名が他にあるだろうか。群馬で過ごした幼少の頃から憧れた地名のひとつだ。ところで麻布十番の「十番」とは何を意味するのだろうか？

　十番とは「十番目の工区」あるいは「人足の第10組」を示すもので、江戸時代の呼称が引き継がれているものらしい。ただし第10工区あるいは第10組が手掛けたプロジェクトは、古川の改修工事とも将軍綱吉の別邸建設工事とも言われ定かではない。いずれにしても江戸時代には職人さんたちが住む街だったようだ。

　ついでに「麻布」について。こちらのほうは名の由来がはっきりしない。古文書では、阿佐布・浅生・麻生・浅布・阿佐婦など、様々な表記があるらしく、発音を書く万葉仮名というものらしい。いにしえから意味も問われず文字も定まらず、発音されてきた地名なの

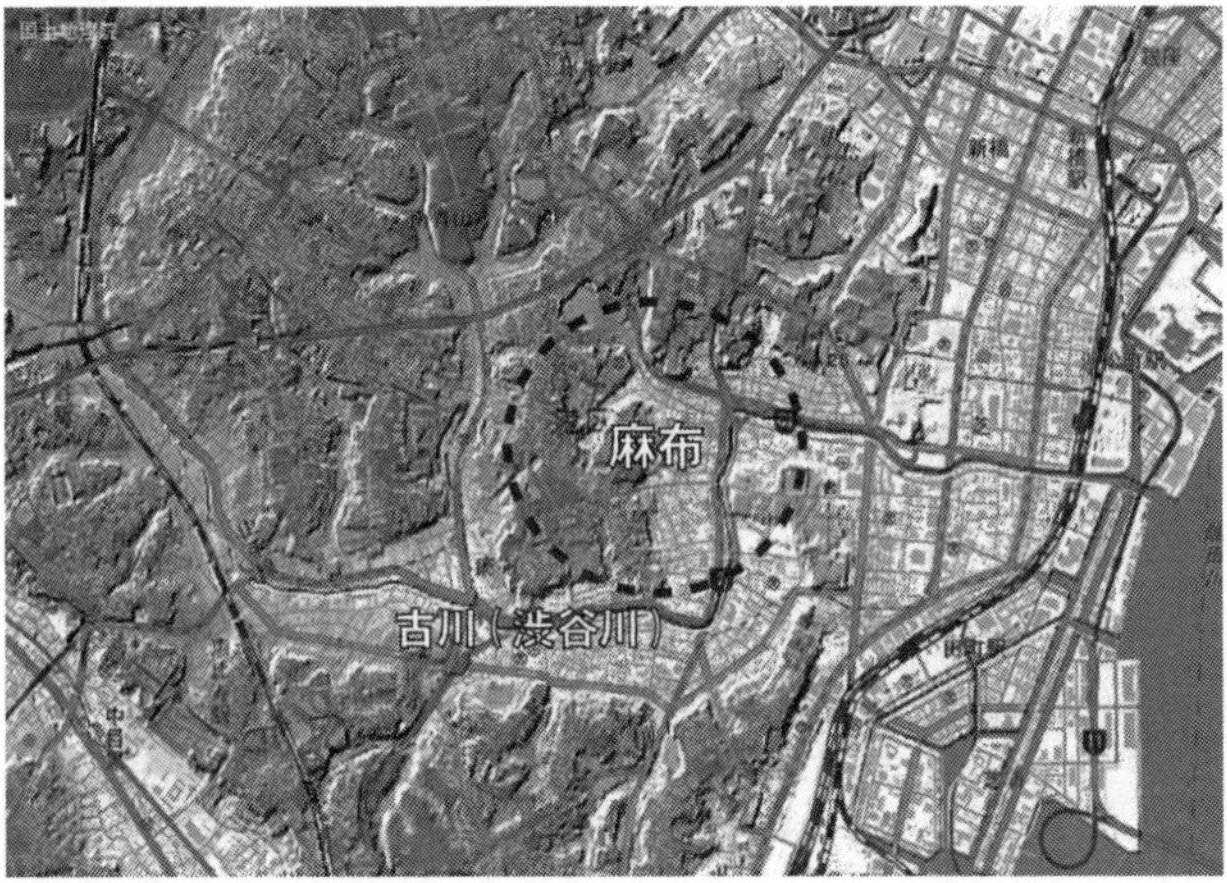

麻布周辺の広域凹凸地図。

だ。

そして麻布と言えば、忘れてはならないのが善福寺。なぜなら住職の姓も麻布、山号も麻布山なのだから。善福寺は都内では浅草寺に次ぐ古刹と言われ、麻布十番の街は善福寺周辺の集落が、先に紹介したように江戸時代に職人街へと発展し、現在のような商業地へと繋がっているわけだ。浅草と同じくらい歴史ある土地柄だなんて、ちょっと驚き。

うんちくはこの位にして、東京スリバチ学会の会長らしく、まずは麻布十番周辺の地形を俯瞰してみよう。今回ご紹介する麻布十番商店街も丘に囲まれたスリバチ状の谷間の街、古川沿いの低地に広がる山の手の下町だ。

麻布十番の谷間を流れる古川が、上流部で

渋谷川の下流部、「古川」の風景。

は渋谷川と名を変えることはみんな知っているよね？　だから麻布十番や渋谷、そして恵比寿や原宿は、同じ渋谷川が削った谷間で発展を続ける坂下町というわけだ。川の流れで辿ると、これらの街が繋がるのがちょっと意外。ちなみに渋谷川が「古川」と別名で呼ばれてきたのは、この辺りまで運河のように舟運に使われてきたからだろう。山の手台地を流れる清らかな「小川」である渋谷川、そして物資を運搬するための水路として活用されてきた古川、といった具合に、街における位置づけの違いが呼称に現れているわけだ。

麻布十番商店街は坂下の街だから、商店街から外れると上り坂が待っている。暗闇坂や鳥居坂、仙台坂、大黒坂といった坂道マニアにはた

鳥居坂上の閑静な街並み。麻布十番の周辺は山の手の屋敷町になっている。

まらない、趣きある坂道が麻布十番の街を取り囲んでいる。そして坂を上るとそこは都内でも屈指の高級住宅地。瀟洒なマンションや有名私立学校などが閑静で奥ゆかしい街並みをつくり出している。各国の大使館が数多く点在しているのも、この界隈の特徴だ。例えば仙台坂上に大韓民国とアルゼンチンの大使館、古川を挟んでの対岸・日向坂上にはオーストラリアの大使館、暗闇坂上にはオーストリア大使館、そして鳥居坂上にはシンガポール大使館など、世界各国の大使館が麻布十番の谷間を包囲している。

こんなにも多くの大使館が高台に立地するのは、もともとこれらの地が江戸時代、大名屋敷や武家屋敷だったからで、その土地を転用しているからだ。広大な敷地を持つ学校なども同様に、元々大名屋敷だった場所が多い。明治維新の際、広大な武家地だった土地が、近代化に必要だった都市施設の用地として「置換」されたわけだ。江戸東京研究センターの陣内秀信氏によると、「大名屋敷の大きな敷地がそっくりそのまま使えたから（中略）都市の基本的な枠組をこわさずに、連続的かつ柔軟なやり方で都市の近代化がなしとげられた」（『東京の空間人類学』（ちくま学芸文庫）より抜粋）ということらしい。だから山の手台地の閑静な街並みとは、江戸時代の武家屋敷の面影を継承してくれているともいえる。

住宅街と商店街、古さと新しさが共存する街

麻布十番をはじめとした東京の都心部、「山の手」と呼ばれるエリアは、台地と谷間が絡み合った複雑な凹凸地形の上にある。都心部に坂道が多いのもそのためであるが、坂を上った台地と、坂を下りた谷間や低地では街の雰囲気がガラッと変わる。戸越銀座や赤羽でも紹介したとおり、台地の上は閑静な住宅地、坂下は賑やかな商店街となっている場所が多い。性格の異なる街が隣り合っているので、気分に応じて坂上・坂下の街を楽しめる。自分たちにはそんな贅沢な選択肢が与えられている。麻布十番とは都会的な豊かさと、山の手台地特有の都市構成を味わえる代表的な街なのだ。坂下の麻布十番商店街を実際に歩

いてみると、年代も国籍も異なる、様々な人が行きかう光景が待っている。大使館がこの界隈に多いことも影響しているのだろうが、地方の街では味わうことができない、この街ならではの空気感がある。そして軒を並べる店舗は、時代の先端をゆくオシャレなお店だけでなく、この地で長く営業している金物屋や履物屋、文房具店や化粧品店など生活に根付いたお店が健在で、渾然一体となって商店街を形成している。自分が子どもの頃にワクワクした昭和を彷彿させる商店街のシーンが今でも、日常風景として繰り広げられている。羨ましい。

それはショッピングモールの便利さとは異なる価値観があることを想い起こさせる。車社会の進展によって、地方都市では失われてしまった地域に密着した地元商店街の文化が、麻布十番では生き残っている。付け加えると、自分が偏愛するこれら商店街が東京の都心では谷間に立地することを紹介してきた。

宮城スリバチ学会と麻生十番を歩く

それでは麻布十番の街をスリバチ学会的視点で歩いてみよう。今回の同行者は宮城スリバチ学会の面々だ。「宮城スリバチ学会って?・」と思われる方も多いはずなので、簡単に紹介しておきたい。

私事で恐縮だが2017年までの5年間、仙台を拠点にして復興支援のお手伝いをしてきた。2011年に発生した3・11東北大震災の後、自分にとっては第二の故郷である仙台に居を移し、東北各地を渡り歩いた。あの時期に、愛しの仙台で過ごせたのはある意味運命的で幸運だった。仕事の合間には東京スリバチ学会として、自分の母校でもある東北大学の学生たちとかけがえのない時間を過ごしたり、これまで培った地形に着目した街歩きのイベントを仙台だけでなく東北各地で仕掛けられたのだから。東京と違って、街歩きのイベントは当初珍しがられたが、徐々に参加者も増え、現地のコミュニティも育まれていった。自分が東京へと戻るタイミングで、地元仙台の方々が、活動を継続させるために自主的に立ち上げたプラットホームが宮城スリバチ学会だ。水路マニアや家紋マニア、水準点マニアなど、東京スリバチ学会にも負けず劣らずの変人たちが集まった。

そんな宮城スリバチ学会に所属する3人が、「仙台藩伊達家の江戸屋敷跡を巡りたい！」と東京へやってきた。個性的なお三方で、ひとりは一度も地元仙台を離れることなく宮城県の情報を発信し続けている生粋の仙台人、もうひとりは伊達政宗以前の仙台に感心を寄

東京スリバチ学会が主催した仙台でのフィールドワークの様子。

せる歴史マニア、そしてみんなが「姫」と呼ぶ謎の女性だ。「姫」と呼ばれているのは、伊達政宗公の正室「愛姫」に憧れ、お姫様に変身する体験イベントを手掛けているからだ。彼女に言わせると「女性はみんなお姫様」なのだそうだ。

そういえば、伊達政宗公の漆黒の甲冑姿が『スターウォーズ』のダースベイダーのモデルになったらしい。女性がお姫様なら、自分たち男子の多くはダースベイダーなのかもしれない、と思うことがある。ジェダイの志を持ちながらも胸の奥に仕舞い込み、「帝国」（権威や既得権益・既成概念）の持つ圧倒的なダークサイドのパワー（魅力）に安直に屈してはいまいか。黒いスーツに身を包み「帝国」の課す任務に対し疑問を挟まず、表情をマスクの下に隠して、た

江戸末期の凹凸地図。点線で囲んだ範囲が仙台藩江戸屋敷だった場所（ジャピール社製「今昔散歩重ね地図」を使って作成）。

だ「機械」のように遂行してはいまいか。本来の目的を忘れ、任務をやり遂げること自体が目的になってはいないか。孤独と向き合いながら。

さて、仙台出身、あるいは仙台に住んだことのある人でも、仙台藩の屋敷が東京のどこにあったかを知っている人は少ないと思う。先に答えを言っちゃうと、上屋敷は今の日比谷公園、中屋敷は汐留、そして下屋敷は品川区東大井と港区南麻布にあった。下屋敷があった二つの土地には、「仙台坂」の名が残されているよね。今回は（この執筆の取材も兼ねて）麻布十番の街を歩きたかったので、南麻布にあった下屋敷跡を案内することにした。

谷戸の地形を活かした庭園。流れる水は元々園内で湧いていたもの。

せっかくなので、麻布界隈の街の面白さを歩いて体感してもらおうと、東京メトロ日比谷線広尾駅で待ち合わせをして、広尾橋の交差点をスタートに仙台藩屋敷跡を目指すルートを組み立てた。交差点を高級外車やスポーツカーが通り過ぎるたびに、生粋の仙台人が反応してくれた。さすがは広尾である。オープンカフェでくつろぐ西洋人を横目で見ながら、有栖川宮記念公園へと3人を案内する。大きな池を囲む緑豊かな日本庭園が見えてきた。手入れの行き届いた木々が都会の公園らしい。池のそばでは外国人の子どもたちが走り回っていた。池で釣りを楽しむ日本人も何人か見られる。

「いや〜。こんなに外国人のいる公園、見たことねえっぺ」

たしかに地方都市では見られぬ光景だ。有栖川宮記念公園は、都心にありながら起伏ある地形と、緑豊かな自然が保全された、この界隈ではオアシスのような存在だ。オアシスと呼ぶのも決して誇張ではなく、スリバチ状のこの土地ではかつて湧水があり、公園の池も元々は清水を溜めたものであった。風光明媚なこの池の周りには江戸時代、池泉回遊式の大名庭園が造られていた。その大名屋敷が、宮城県のおとなり岩手県・盛岡藩南部家の下屋敷である。流れる清流を眺めながら、源流のある谷の奥・スリバチの最深部へと遡る。まるで山奥のハイキング気分である。

「こういう谷間の土地が、会長の言うスリバチ地形なんですね」

姫はスリバチ初体験なのだそうだ。まさに百聞は一見に如かず、東京のスリバチ地形の面白さは現地で体感するのが一番だ。谷筋を上り終え、高台側にある門から公園を後にする。交差点にある派出所には「盛岡町」の文字が残されていた。この近くには東京都立中央図書館もあるが、盛岡藩の屋敷地は、図書館のある一角も含めた広大なものであった。

路地裏に潜む秘蔵のスリバチ

「せっかくなので、仙台屋敷跡へ行く前に、秘蔵のスリバチを案内するよ」

有栖川宮記念公園の地形を喜んでくれたので、3人を薬園坂の近くにあるとっておきのスリバチへと案内することにした。そのスリバチは、車が行き交う薬園坂から逸れた路地裏に潜んでいる。急な坂道が向かい合い、スリバチ地形が一目瞭然だ。絶え間ないシャッター音が谷間にこだました。スリバチをよろこんでもらえると何だか自分も嬉しくなる。薬園坂の近くにある、釣り堀の「衆楽園」にも立ち寄った。隠れ家のように谷底にひっそりと佇む池の存在に3人は驚いた様子だった。4人で静かな水面を眺めていたら、歴史マニアがこの池について気づいてくれた。

薬園坂から一本逸れた場所に、見事なスリバチ地形が待っている。

「あっ！　ここは中沢新一さんの『アースダイバー』にも取り上げられた池ですね。オシャレな麻布のイメージからは程遠い、独特な雰囲気の場所ですね。なるほど麻布の表と裏、あるいは光と影を感じますね。麻布って奥が深い街なんですね」

歴史マニアは伊達政宗以前の歴史にも興味があると先に紹介したが、彼は誰もが知るメジャーな歴史よりも、その裏でひっそりと、でも確かに存在した歴史を追い求めることに興味があるらしい。たしかに仙台では伊達政宗公贔屓の歴史が多く語られているが、それ以外の悠久の歴史だって存在している。視点を変えることで、そんなメジャーな歴史の裏、あるいは谷間に潜む、人々のリアルな営みに目を向けているわけだ。時に鋭く、時に優しく。

そして、それは自分が谷間に惹かれていることにも似ているなと思う。東京の都心には台地と谷間の世界が並列に共存すると紹介しているが、多くの場合、どちらか一方の街にしか関心が払われない、あるいは気づいてもらえない。「もうひとつの世界」は置き去りにされがちなのだ。でもそれって何だかもったいないことだと思う。別の世界を知ることで、それぞれのよさも理解できることがあるのだから。

地下水を溜めた釣り堀「衆楽園」。釣りを楽しむのは筆者、この写真のみ浦島茂世さん撮影（「衆楽園」は残念ながら閉業したが、2021年時点では池は残されている）。

武家屋敷の痕跡を追い、地下水コーヒーへ

「それではお待ちかね、仙台藩下屋敷へと馳せ参じよう！」

「おーっ！」と声が上がると思ったら、みんな無言だった。麻布という土地柄にみんな遠慮しているのかもしれない。

麻布にある仙台藩の下屋敷跡は知る人ぞ知る、都内でも屈指の高級住宅地。自分はかつて、仕事の打ち合わせで、ある一軒のお屋敷に招かれたことがあるが、映画のワンシーンのように、メイドさんがそのお宅の中で忙しく働いていることにびっくりした。そして打ち合わせの席に、メイドさんが運んできてくれたメロンが、なんとまあ夕張メロンで、さらに4分の1カットだったことに、マジでのけぞった。

残念ながら仙台藩下屋敷の遺構は何も残っていない。でも住宅地を囲む道路がかつての敷地割の「痕跡」であることに3人は気がついてくれた。歩いている人が見当たらない閑静な住宅地は東に向かって緩やかな斜面となっている。声を潜めて歩いてゆくと、行く先が崖状に落ち込んでいた。崖下の建物の4階部分に相当する高さがあるので、10m程度の比高があることになる。明治初期の地図を調べてみたが、当時からこの土地は崖で隔てられていたようで、崖下には池も存在していたことが古地図から見て取れる。有栖川宮記念

仙台藩下屋敷跡の閑静な住宅地。

公園と同じく、元々は湧水を溜めた池だったのかもしれない。

　崖下も含む広い範囲が下屋敷の敷地だったのだから、大名庭園があったのは崖下の方だろう。古地図に描かれた池は池泉回遊式の大名庭園の名残かもと妄想は膨らむ。崖下も現在は住宅地となっているが、下りる階段は見つからなかった。一軒一軒趣向の違う住宅を味わいながら、仙台坂上へいったん戻った。

「アバンティって、実際にはねえんだよね??」

　仙台人が唐突に問いかけてきた。その懐かしい響きに、自分も遠い記憶を手繰り寄せた。そう、ラジオ番組の舞台となった仙台坂上にある架空のバーの名だ。夜な夜な業界関係者や芸能人が集う、都会の隠れ家の設定だった。麻布や仙台坂って、やはり自分たち地方出身者からすると東京の中でもオシャレで通っぽいイメージなのだ。ラジオ番組の設定なので、もちろんアバンティは実在しない。ちょっと付け足すと、仙台坂上にはバーは存在し得ない。都市計画法では第一種中高層住居専用地域としてバーなどの飲食店舗関連は出店が規制されているからだ。言い方を変えると住宅地としての静かな環境が法で守られているわけだ。バーなどのお店を構えられるのは坂の下、麻布十番の方なのだ。

懐かしい気分に浸った後、バーが有りそうな麻布十番へと仙台坂を下りることにした。正面には東京タワーの雄姿がそびえ、3人がはしゃいでいる。やはり東京タワーは東京のアイドルなのだ。韓国大使館の前で警官の視線を気にしつつ、仙台坂下の交差点まで下りると「姫」が気づいてくれた。

「あっ！　あそこの青い旗に『地下水コーヒー』って書いてありますよ！」

「よくぞ気づいてくれました！　カリーズというカフェで井戸水を沸かしてコーヒーを入れてくれるお店なんだ。手作りのケーキもあるよ！」

「わーい！」

仙台藩の屋敷地のときは盛り上がらなかったくせに、花より団子である。

カフェカリーズは明るく開放的な店内で、床の一部がガラス張りになっていて、地下の井戸を店内からガラス越しに見ることができる。店員さんに話しかけると、地下水のことや麻布の歴史など親切にいろいろと教えてくれる。オリジナルの「大使館ロードマップ」が無料で配布されているのもありがたい。ちなみに「カリーズ」とは、文明発祥の頃、ペルシア帝国に創られた地下用水路のことらしい。

「地下の井戸は伊達屋敷にあったのを継承しているものです。浅井戸で、今でも地下水が豊富なんです」

4人で長々と井戸を覗きこんでいたら店員さんが教えてくれた。都内の坂下は概して地下水位が浅く、井戸水を得るのが比較的容易だ。本郷や谷中の谷の底でも現役の井戸を数多く見つけることができる。地下水に恵まれているのは坂下の街の豊かさのひとつだ。

「麻生七不思議」のひとつと対面

善福寺・柳の井戸がこの近くにあることを思い出し、3人を連れてゆくことにした。店員さんにお礼を告げ、善福寺の門前に立ち寄った。表の参道からは、善福寺の立派な山門が望めるが、仙台から来た3人が盛り上がったのは、寺の後方にそびえる独特な形状をしたマンションの方だった。山門へと近づく3人が、柳の井戸を通り過ぎそうになったので、指をさして教えてあげた。

「おー！　こんなところで水が湧き出てっぺ～!!」

「こんな都会なのに不思議ですね」

みんな感激してくれて自分も誇らしくなってきた。東京は街のあちらこちらで水が湧き出る不思議な街なのだ。そして水が湧き出るのはスリバチの底である場合が多い。

「麻布七不思議といって、麻布に古くから伝わる不思議話があるんだ。この柳の井戸もそのひとつ。ほら、善福寺の境内に見える、あの大きな銀杏の木も「逆さ銀杏」と呼ばれ、七不思議のひとつだよ。この他にも、がま池や一本松とかがそうだったかな」

「麻布ってオシャレな街のイメージだけど、そんな謎めいたところもあるんですね。そんな伝承が残っているのって、やはり麻布の歴史が古い証拠ですよね。新興住宅地ではあまり聞かないですもの」

姫は鋭いことを言う。けれどもすかさず歴史マニアがツッコミを入れた。

「でも口裂け女みたいな伝説は生まれるけどね」

確かに子どもの頃、口裂け女の伝説には、みんな恐怖したものだ。ひとりでの下校を躊

善福寺の表参道。参道右手の柳の木の下に「柳の井戸」がある。

コンコンと湧き出る水は、晴れの日が続いても枯れることはないという。

躇う小学生が続出し、集団で下校するなんてこともあったな。

自分たちの住む街には、そんな影あるいは闇みたいなものが寄り添っているのかも、と思うことがある。当事者としてはたまったものではないが、街ってそういうものなのかもしれない。明るく健全過ぎる街は窮屈で退屈だと感じることがあるから。麻布十番の不思議話はじつは7つにとどまらず、30以上もの不思議伝説が残されているらしい。そんな意味において、麻布は光と影が寄り添う、長い長い歴史に育まれた真の街なのかもしれない。

商店街を抜け、暗闇の先へ

陽が傾きかけ、麻布十番の街はますます活気を帯びてきた。まるでお祭りのような賑わいだ。自分たち4人もブラブラ歩きを楽しむことにした。大型犬を連れて歩くオシャレなおじさん、道端のカフェで議論を交わす業界人っぽい人たち、八百屋で野菜を覗きこむ外国人女性、図面を脇に抱え足早に通り過ぎるそれっぽい人、買い物のキャリーバックを引く年配の女の人。職業も年齢も国籍も、雑多な人たちが街を行き交う。

街の魅力を奏でるものって、建物だったり街路樹だったりするかもしれないけど、やはり「人」なんだなと麻布十番に来るたびに思う。その場所ならではの「空気」をつくるのは、場に集う人、あるいは場に呼び寄せられる人たちなのだ。

麻布十番商店街には、蕎麦の総本家更科堀井をはじめ、焼き鳥のあべちゃん、『およげ！たいやきくん』のモデルとも言われる鯛焼きの浪速花屋総本店、洋食のグリル満天星、そして豆源本店など、話題の店はこと欠かない。しかし、今回のレポートからは割愛しよう。自分はあくまでも地形マニアだし、おまけに味音痴なので。仙台から来た3人は興味津々でお店を覗き込み、一軒一軒に立ち寄りたそうだった。申し訳ないけど賑わう商店街を後にして、地形を感じてもらうために、高台へ至る暗闇坂へと向かった。

屈曲し頂上の見えない長い坂道が自分たちの前に立ちはだかった。暗闇坂の名は、鬱蒼と茂る木々が光を遮り、昼間でも薄暗かったことに由来する。東京都内には富士見坂の次に多い坂の名前であるが、台地と低地をつなぐ坂道には木々の繁る場所が多かった証でもある。

屈曲し、先の見えない暗闇坂。

息を切らして長い坂道を4人で上った。坂を上りきると麻布十番商店街の喧騒が嘘に思えるほど静寂につつまれた住宅地が待っていた。動と静、あるいは明と暗、対照的な別世界が隣り合っている事実は歩いてみるとよくわかる。夜の帳に包まれはじめた住宅地はどこまでも続いているようで、暗闇が少々怖かった。麻布七不思議の伝説も、こうした街の奥深さ、別世界が隣り合う互いの好奇心が育んだものなのかもしれないなと思った。

「坂を上った丘の上は、こんなにも静かな住宅地なんですね」

「坂を上り切った一番高い場所にあるのが麻布七不思議のひとつの一本松だよ」

古来、植え継がれてきた一本松にまつわる伝説であるが、高台に立つ木は、周囲から目立ち、地域のランドマークになったのだろう。ついでに言うと、地名に「木」がつく場所は、大凡が高台の場所となっている。例えば、六本木、代々木、羽根木など。

静かな丘の上は、あやしい大人4人が長居する場所ではなさそうだ。

「そろそろ坂下の街へと戻ろう」

一本松のある丘の頂から、大黒坂を下りることにした。坂の途中で東京タワーが遠くの空に現れ、さらに下りてゆくと光に満ちた麻布十番の街が自分たちを迎えてくれた。

思い出の店へと里帰り

パティオ十番と呼ばれるヨーロッパにある広場のような一角を通り過ぎ、「おもかげ」という名の昭和レトロな洋食屋さんに入ることにした。

「おもかげ」は、東京スリバチ学会を立ち上げた直後のフィールドワークで立ち寄った、自分にとっては思い出深い店だった。今から15年も昔のことだ。以前の佇まいと変わらないところが嬉しい。恐る恐るお店のドアを開けると、店内の雰囲気も昔のままだった。壁には芸能人のサイン色紙がたくさん貼られている。お店の奥にあったテーブルゲームは使われていないようだった。意外にも男性の来客が多かった。

「何か懐かしい感じのお店ですね。『おもかげ』って店名も意味ありげだし」

「うん。ここは15年ほど前に来た思い出のあるお店だから寄ってみたんだ。お店の名は、創業した喫茶店が面影橋近くにあったからだよ。あの辺りも麻布十番と同じく坂

東京タワーが正面に見え隠れする大黒坂を下りると麻布十番商店街だ。

下の街だね。神田川沿いの」

「15年前ってスリバチ学会を始めた頃ですか？　それにしても麻布十番って、今風なオシャレなお店もあれば、地元で愛され続けている老舗も多いんですね。でも、思い出のお店が残っていてくれると、やはり嬉しいですよね」

「思い出といえば、昨年の春先はみんなで三陸の海岸沿いの街を歩いていたね」

東京スリバチ学会として、東北各地で地形に着目した街歩きを開催してきたが、2017年の春先は、気仙沼や志津川（南三陸町）、石巻などを歩いていた。学生の頃、三陸の漁港に魅せられ、ひとりで港巡りをしたものだ。そんな思い出深い、いくつかの港街の現状を知りたくて、街歩きのイベントを催した。現地の方々も多数参加してくれ、新たなつながりもできた。高台から復興途上の港街を眺め、学生時代の一人旅の思い出に浸った。海はあのときのように穏やかで静かだった。夜にはみんなで人気《ひとけ》のない港に繰り出した。埠頭から見上げた星空は、昔と変わらずため息がでるほど美しかった。

「おもかげ」のメニューには、ナポリタンやオムライスなど、洋食の定番が並んでいた。4人それぞれが好きなものを注文した。自分はポークジンジャーとライスを、仙台人と歴史

チキンライスを卵焼きで包んだ洋食の定番・オムライス。

マニアはナポリタンの大盛を、そして姫はオムライスをオーダーした。「ケチャップは別に持ってきて下さい」と無理なお願いを姫が言う。調理の音がお店に響き、食欲をそそる。

姫の前にオムライスが運ばれてきた。同時に家庭サイズのケチャップボトルがテーブルの上に置かれた。姫はそのケチャップでオムライスに「スリバチ」と書いた。

食事を終え、4人でパティオ十番へと向かった。麻布十番のへそのような不思議な空間で、カフェや飲食店舗が囲んでいるため、様々な光が交錯し、まさにヨーロッパの広場のような佇まいだ。見上げるとパティオ十番の広場だけは空が広かった。スリバチポエム「スリバチの空は広い」のようだと思った。公園もいいけど、

パティオ十番は坂の街・麻布十番を象徴するかのように階段状の広場となっている。

のんびりと時間が過ごせるこうした広場が街の中心にあるのもいいものだ。広すぎず狭すぎず、周囲を囲まれた一級スリバチのようで羨ましい。広場のステップに腰を掛け、ぼんやりと4人で時を過ごした。

仙台からやってきた3人は、仙台藩の下屋敷と麻布十番の街を楽しんでくれたのだろうか。下屋敷だけでなく、麻布十番の街を、ぜひ歩いて味わってもらいたかった。東京っぽいし、街にとって大切なエッセンスが凝縮されているから。

佇める場が用意され、目的がなくともブラブラ歩きが楽しめる街。

歴史を継承しながらも、新しいものを取り入れている街。

表と裏、あるいは光と影が同居し、ちょっとだけ謎めいた奥行き感のある街。

そして、様々な人を受け入れ、文化や価値観が錯綜する街。


明日は仙台藩の中屋敷跡と上屋敷跡を案内しようと思う。仙台からやってきた大切な友人達の期待にもちゃんと応えよう。そして街歩きを通じて、かけがえのない友人が仙台の地にもできたことに感謝しよう。

パティオ十番は自分たちが浮かない程度に賑わっていた。店から溢れ出たざわめきが、広場にもこだまする。

「会長が仙台を離れて、みんな寂しがっていますよ」

姫がぽつりと言う。見上げた夜空はシリウスすら見つけることができなかったが、この空は東北にも確かにつながっていると思った。

エピソード4

アートやB級グルメだけじゃない!? 江古田

ノスタルジーと若さが共存する街

西武池袋線で池袋から3駅の街・江古田。「令和」の世になると、ひと昔ではなく「ふた昔」前となってしまった昭和の面影が残るノスタルジー漂う街。「ザ・私鉄沿線」の駅らしく、駅前ロータリーなどはなく、駅を下りるといきなり雑踏の中に放り出される魅惑の街。車の進入を拒むよう狭小な路地が駅周辺に広がり、ブラブラ歩くには格好の街である。

地形に着目すると、街の魅力を「発掘」できることがある。ここではスリバチ学会流に、地形を手掛かりに「知られざる江古田」を掘り下げてみたいと思う。まずは江古田の街の特徴を簡単にご紹介。

駅周辺の賑わいの中心地は戦前から続く江古田市場。武蔵野鉄道(現西武池袋線)江古田駅開業と時を同じくして肉屋・魚屋・炭屋・衣料品店などの店が集まり、江古田市場へと発展したものだ。戦後早くに再興し、人々の生活を支えてきた。かつては練馬区中の人

江古田駅周辺には歩いて買い物が楽しめる街が広がっている。

が訪れ、道が人で溢れるほど賑わっていたという。いつまでも残しておきたい街の風景だ。

もうひとつの街の特徴は駅周辺に集まる大学の存在だろう。『のだめカンタービレ』の舞台となった武蔵野音楽大学、爆笑問題や作家のよしもとばなな等を輩出した日本大学芸術学部（通称：日藝）、そして広大なキャンパスを誇る武蔵大学があり、個性的な学生たちが街を闊歩する、典型的な学生街だ。安くてボリューム満点の食べ物屋さんや老舗の喫茶店などが点在することに加え、個人経営の洒落たショップやギャラリー、さらにはソフトビニールの怪獣人形（略称：ソフビ）を扱うマニアックなお店など、散策するだけでも楽しい街だ。

東京スリバチ部屋探し

それではスリバチ学会流に、ソフビよりもディープに、街の魅力を歩いて発掘してみよう。不運にも同行してくれたのは、引っ越し先を探している会社の同僚だ。なんでも風水的に住むなら練馬近辺がいいらしく、「会長なら練馬のこともよく知ってるでしょ！」ということで、原稿を書くにはちょうどよい練馬区江古田を強引に推薦し、一緒に江古田駅周辺を歩いてみることにした。

まずは江古田駅の南口から散策を始める。レトロ感たっぷりの衣料品店の横を抜け、「ゆうゆうロード」という道に出た。和菓子屋さんや老舗の薬局に交じって、ベトナム屋台のお店など新規店舗も軒を連ねる。なんでも江古田には、海外からやってきた人も多く住んでいるとのこと。確かにエスニック系の料理屋も点在していることに気づく。雑多なものを取り込む包容力があると、街はより魅力的になると思う。学生街の江古田にはそんな寛容なキャパシティが伝統的に備わっている。

「賑やかで買い物にも便利そう。夜も人が多そうで活気のあるいい街ですね」

東京の私鉄沿線の街は、江古田のように必要なお店や施設が駅周辺に集うコンパクトな街が多い。郊外へと街を拡大させた20世紀型まちづくりに対するオルタナティブとして、「コンパクトシティ」が模索されているが、江古田は「歩いて生活が成り立つ」街の典型例だ。マイカーに頼らず、公共交通と歩くことによって街の発展を維持させている「令和型」の街なのだ。

ゆうゆうロードを池袋方面に向かうと、車やバスが行き交う千川通りへ出た。その名の通り、かつては「千川上水」が流れていた道だ。千川上水とは、玉川上水から分水し寛永寺などに給水することを目的に江戸時代初期に造られた用水路。地形的には尾根筋にあたり、南側が神田川水系、北側が石神井川水系だ。尾根筋なので、そこから逸れれば下り坂、あるいは谷間が待っているはずである。地形探索（否・住まい探し！）前に腹ごしらえをと思い、ゆうゆうロードで見つけた「好々亭」というレトロな定食屋さんに入ってみた。

ノスタルジー漂うレトロな外観だけでなく、店の中も実家に帰ったような昭和感たっぷり。壁に貼られた手書きメニューの品数の多さに驚かされる。メインのおかずを2品組み合わせたセットメニューでも￥８００という安さ。おまけにご飯がおひつで出てきておかわり自由、限りない空腹に悩む学生たちの偉大なる味方だ。

食事を済ませ、ゆうゆうロードを西へと歩きだす。先ほどの千川通りとほぼ並行だから、

庚申塔のある三叉路。三叉路は街の歴史を知るきっかけとなる。

この道も尾根筋を辿っていることになる。どこまでも続くこの道は、埼玉道と呼ばれる「いにしえの道」。西武線の踏切を越え、さらに行くと三叉路に庚申塚が祀られていた。こうした古い石碑や神社・寺院があるのは古い街道筋の証拠である。そして三叉路が生まれるのは、「追分《おいわけ》」と呼ばれる街道の分岐点の場合もあるが、ほとんどのケースは古道と近代都市計画のズレによる結果だ。

「まずは三叉路に注目しよう。歴史のレイヤーが重なって街ができた可能性大だから」

「元々は、ゆうゆうロードとなる『斜め道』があって、後に東西南北格子状の街が上書きされたってことですね。ニューヨークのブロードウェイみたいな感じで。元々『獣道』があって、その上に碁盤目状の道路がひかれたように」

同僚は大学で建築や都市計画を学んだらしく、都市を見る目が鋭い。

「では近代都市計画のレイヤーを見に行こう。先ほど斜めに交差した一番賑やかな通りへと行ってみようか」

「市場通り」という人通りの多い道を東へと進むことにした。八百屋や魚屋など、まさにマーケットのような賑わいが続き、活気に満ちていた。軒先に商品が陳列され、通りを歩いていてもなんだか楽しい。買い物に来た主婦と、店の主人が談笑する風景が日常なのだろう。スーパーマーケットの便利さとは一味違った、人との触れ合いがもたらす安心感や充足感。「家に住む」というよりも「街に住まう」という実感、これこそが都会的と称される条件なのだと思う。

住まいよりも暗渠

「道路の先に森が見えますね」

同僚から気になる言葉が発せられた。なるほど道路の正面が鬱蒼とした森になっている。つい足取りが早まってしまう。道路正面に見えたのは浅間神社の鎮守の杜、そして市場通りの軸線に鎮座するのは富士塚だった。富士塚とは江戸時代につくられたミニチュアの富士山で、ホンモノの富士山までは遥々お参りに行けない人たちが、疑似的にお参りをするために造られたものだ。

浅間神社の参道は江古田駅前から始まっているが、元々はゆうゆうロード、すなわち古道（埼玉道）からアプローチしていたはずだ。参道入口から周囲を見渡すと、駅に向かって左側の道が下り坂になっていることに気づいた。「街のくぼみは海へのプロローグ」、下り坂の先には何かあるはずだ。気になる方へと歩いてゆくと暗渠らしき路地が出現した。

市場通りの突き当りに見える緑の森。

その道をしばらく辿ってゆくと、左から別の暗渠が合流しているように思えた。地形マニアは微妙な空気の変化に敏感である。合流地点と思われる場所から、別の川筋を上流へと遡ってみた。道の両側が高台になっているから、明らかに川跡である。蛇行する暗渠路をしばらく進むと左手に江古田斎場が現れた。この辺りが谷の先端だろう。斎場の先に富士塚の森が見えるの

富士山にお参りに行く代わりとして、江戸には富士塚が数多くつくられた。

で、塚はちょうど二つの暗渠に挟まれた舌状の台地に位置するわけだ。元々あった凹凸地形をさらに強調するような形で富士塚は築かれたことになる。

富士塚から始まる「市場通り」の賑わいをあらためて振り返った。近代都市計画は地域のシンボル的存在だった富士塚を起点につくられたに違いない。富士塚を正面に望む軸線を拠り所に、江古田の格子状街路がひかれたのだろう。

先ほど辿ってきた江古田斎場裏の暗渠路を見返した。緩やかなV字谷になっている様子がわかる。ということは、源流はもう少し先かもしれない。坂道を下り、暗渠路を上流側へと歩きはじめた。

「レトロな喫茶店がありますね」

江古田斎場前の暗渠路。右側の歩道がかつての水路と思われる。

同僚が話しかけてきた。が先へ急ぐことにした。交差点で左右を見ると、どちらも上り坂で自分たちが谷間にいることを実感した。

「間違いない。この道が谷筋だ」

少々浮かれていたのかもしれない。同僚が再度話しかけてきた。

「そろそろ休憩にしませんか？　歩き疲れましたよ」

そこでやっと、住まい探しが目的だったことを思い出したのだった。

地図から探る土地の歴史

谷を上った先にレトロな佇まいの喫茶店を発見した。木製の建具やビニール製のパーゴラが昭和レトロな感じだ。江古田にはこうした雰囲

江古田駅周辺の凹凸地形図（カシミール3Dを使って作成）。

気の喫茶店がたくさん残されている。学生街ならではの魅力のひとつかもしれない。

　扉を開けると珈琲の香りが誘いかけてきた。カウンターだけの小さなお店だった。「手作りケーキ」というメニューに惹かれ、二人とも珈琲セットをオーダーした。凛とした佇まいで珈琲を入れるママに話しかけてみた。元々劇団で女優をやられていたとのこと。手作りのチーズケーキはチーズの味が濃厚で優しい甘さだった。

「会長、江古田の地図って持ってますか？　街の様子を復習しませんか？」

　本来の目的を思い出し、持参したＰＣの画面に『カシミール３Ｄ』の段彩凹凸地形図を表示した。千川通りが尾根筋にあることや、ゆうゆうロードの道筋（埼玉道）が遠くまで続いてい

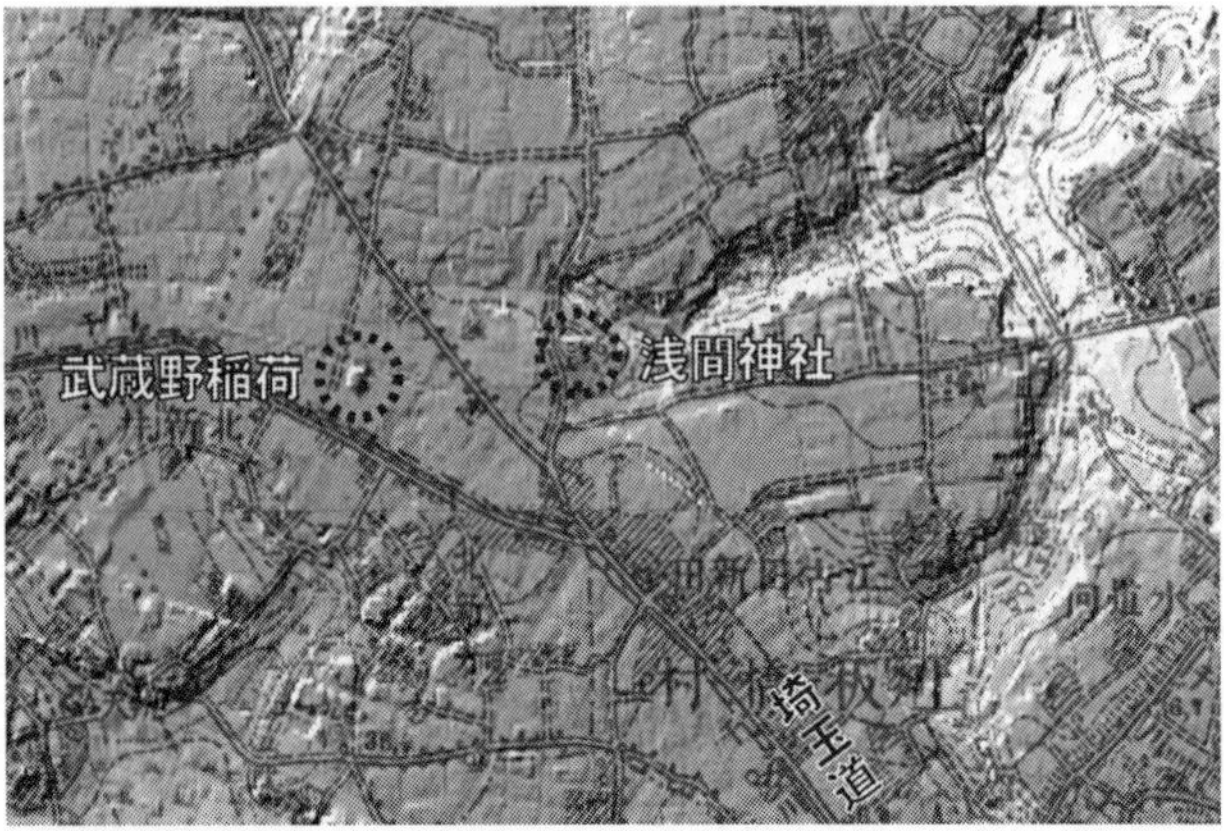

江古田駅周辺の1986年ごろの地図（カシミール3Dを使って作成）。

る様子もよくわかる。先ほど歩いた富士塚と浅間神社を囲む二つの谷筋も一目瞭然だ。

「同じ場所を古地図で見るとこんな感じだよ」

１９８６年頃の地図を眺めると、都市化される以前の江古田の様子がよくわかる。人家もまばらで千川用水と埼玉道だけがしっかりと描かれている。先ほど歩いた谷筋は水田だったこともわかる。そして何よりも目立つのが富士塚の存在だ。当時、何もない武蔵野の原野を見渡せば、富士塚の高まりがはっきりと目撃できたことだろう。古墳や塚など凸地形を目印にするよう築かれた古道は多い。興味深いのは凸地が二つ存在した場合、その間を縫うようにルート選定された古道が多いことだ。

「ゆうゆうロード（埼玉道）反対側に地形的な

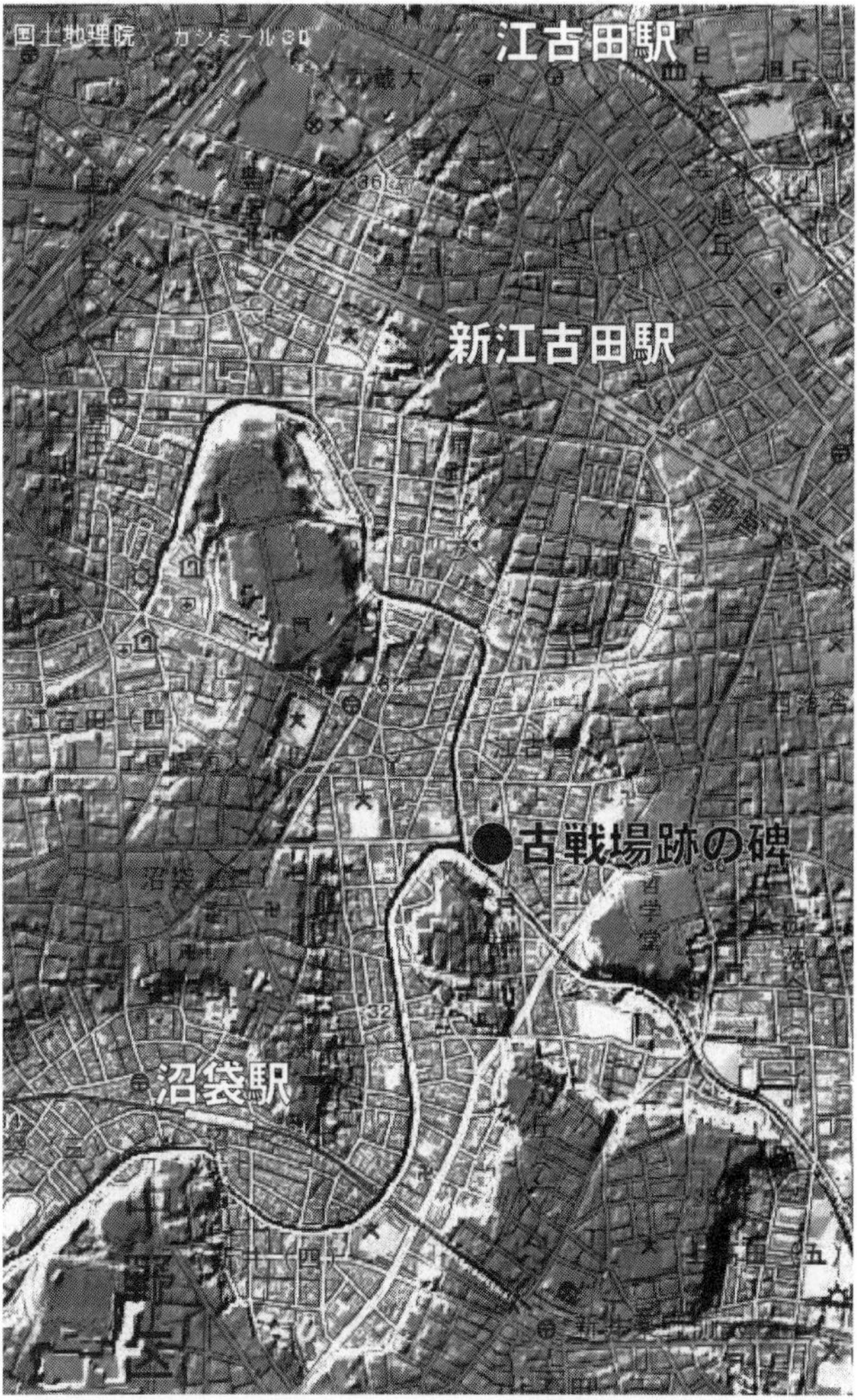

江古田から沼袋にかけての凹凸地形図（カシミール3Dを使って作成）。

高まりが存在するかな？」

同僚と凹凸地形図に見入る。すると浅間神社と線対称の位置に武蔵野稲荷神社が鎮座していることに気づく。同僚がネットで検索し、境内にあったとされる「塚」の事実に辿りつく。二つの塚を左右に見ながら武蔵野の原野を走る埼玉道の往時の姿を妄想する。

「地形を手掛かりに、異なる時代の都市計画の構想力にたどり着いたね。次に中世の歴史を地形で振り返ってみようか。江古田と言えば『江古田原・沼袋合戦』だ。地形図を眺めてみよう！」

画面に江古田から沼袋にかけての凹凸地形図が表示され愕然とした。

「こっ！　これは!!」

同僚が興味深げに画面を覗きこむ。

「不思議な地形ですね！　凹凸だらけじゃないですか！　沼袋って地名、なんかアヤシイと思ってましたが地形に関係あるのですか？」

「沼のような湿地に囲まれた袋状の土地のことを沼袋って言ったのだろう。池袋の地名も同じ由来だと思う」

「こんな複雑な凹凸を持つ土地で、歴史的に名高い中世の合戦が繰り広げられた。江古田

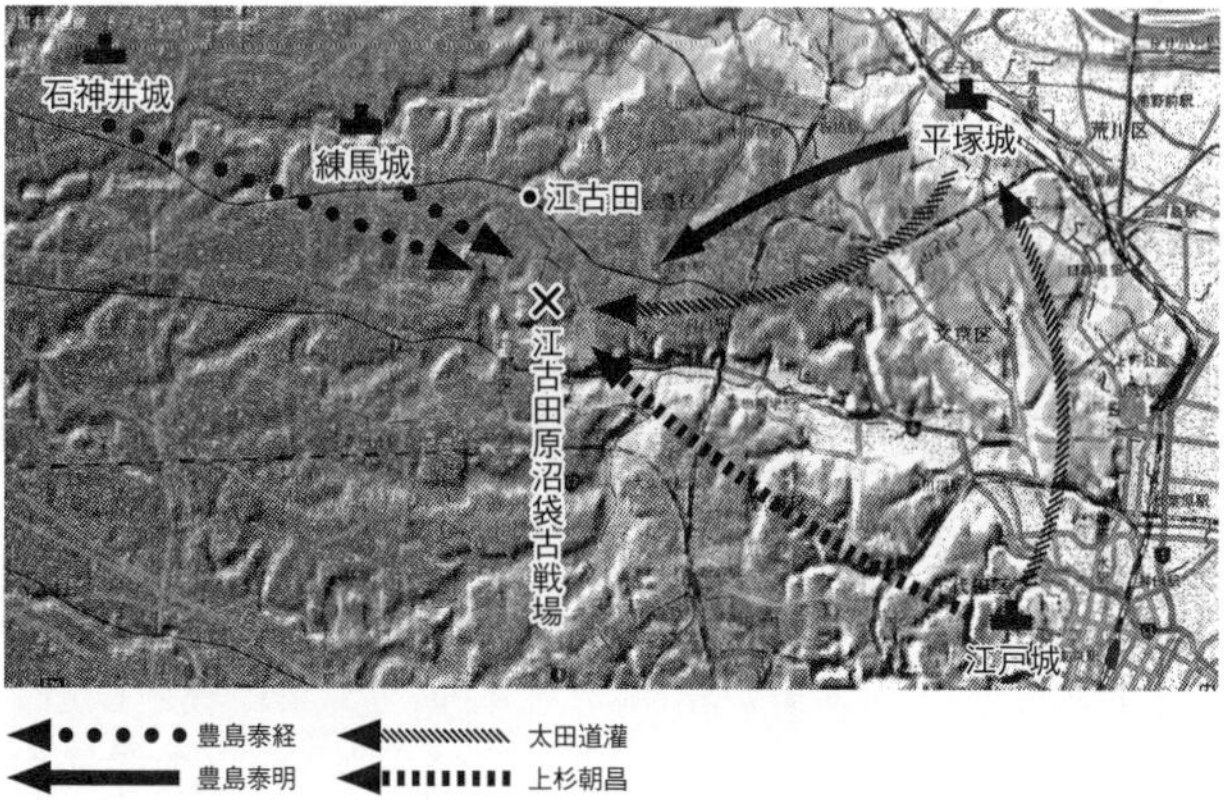

江古田原・沼袋合戦の攻防を図示（カシミール3Dを使って作成）。

原・沼袋の合戦って、この辺り一帯を領有していた豊島氏と、太田道灌の戦い。結果は太田道灌が勝利するんだけどね。この戦の後、豊島氏は居城である石神井城へと敗走、その後、城攻めにも敗れて開城、そして滅亡する」

「戦《いくさ》と地形には何か関係があるの？」

　うかつにも同僚は聞いてきた。

「あるある、大ありだよ。江古田原・沼袋合戦は遭遇戦と紹介されるけど、勝利した太田道灌はこの土地を戦場に選び、待ち伏せしたんだと思う。豊島氏の居城は、平塚城（現在の西原、平塚神社がある辺り）と練馬城（現在は豊島園）、そして本城である石神井城だ。太田道灌はまず、江戸城に一番近い平塚城を攻撃する。すると石神井城と練馬城から豊島軍の本隊が出撃したとの情報が道灌サイドに入った。道灌はすかさず転進、石神井城へと軍を進める。この時点では豊島氏は勝利を確信したことだろうね。なぜなら道灌軍を挟み撃ちにできるから。しかし、道灌軍はこの土地で待ち伏せる戦法を取る。湿地に囲まれた台地に陣取り、前方後方からやってくる豊島軍をおびき寄せる戦法を。そう考えると平塚城攻めは不落の城から豊島軍本隊を誘い出す陽動作戦だったのかもしれないね。そしてやってきた豊島軍は沼のような湿地にはまり、道灌軍は動きを止められた敵を丘の上から無力化していった。この辺りはまさに天然の要害、ア・バオア・クーかもしれない」

と一気に妄想を炸裂させてしまった。沈黙のあと同僚がポツリとつぶやいた。

「この後、暗くなる前に不動屋さんへ行ってみますね」

コラム2 『ブラタモリ』人気の秘密

「何にもない街」なんてない

ＮＨＫ『ブラタモリ』の人気の秘密はどこにあるのだろうか？

２００８年に放送がはじまったＮＨＫの人気番組『ブラタモリ』。当初は東京都内のひとつの街をタモリさんと女性アナウンサーがブラブラと歩きながら、何気なく見つけた坂道や路地、石垣や暗渠などから、街の成り立ちや興味深いエピソードを解き明かすといった番組構成だった。見慣れた街の中から、その土地固有の魅力を浮かび上がらせる展開が新鮮だった。路地の研究家や坂道の研究家など、マニアックな案内人が毎回登場するのを楽しみにした視聴者も多いはずだ。

２０１５年にはじまった第4シリーズでは、舞台を全国に広げ、ミステリー仕立てで土地の成り立ちを解き明かすプロセスに驚かされる。有名な観光地にとどまらず、ガイドブックには載っていないようなマイナーな場所にも、その土地ならではの歴史や文化を紐解く展開に「なるほど！」と毎回頷かされてしまう。地元の視聴者でも「目からウロコが落ちた！」といった感想を持った方も多いのではないだろうか。

番組を観ていて思うのは、普段何気なく見ている風景やモノでも、不思議だと感じたり、「気づき」が得られれば、街の歴史や文化を解き明かすヒントになり得るということだ。目線をちょっと変えることで、意外なものが過去と繋がっている事実に驚かされる。だから観光地とも言えない、ごく普通の場所においても「発見する」喜びが得られるのだろう。これはとても大切なことを示唆しているといえよう。なぜなら、自分たちは単に気づいていないだけで、見慣れた日常の中にも「街のお宝」がいくらでも潜んでいる、ということに繋がるからだ。「何にもない」街なんて、ないはずなのだ。

「上を向くな、下を見ろ」

番組の中でよく用いられるのが地形図や古地図で、地形を立体的に表現した模型も何回か紹介された。地図好き・坂道好きとしても知られるタモリさんは、地形の高低差や起伏にはとくに敏感で、「発見」の糸口になっている場面がたびたび登場している。自分も地形マニアとして、ブラタモリ仙台編で案内役をつとめ、仙台の河岸段丘地形と四ツ谷用水と

四ツ谷用水はフタをされているが、今でも水が流れている（仙台市）。

いう伊達政宗公の時代に築かれた土木インフラを紹介した。江戸時代に造られた水路は今でも現役なのだが、仙台での知名度は今ひとつ。『ブラタモリ』の放送の翌年に四ツ谷用水は城下町仙台の成立には欠かせなかったと認知され、土木遺産に認定されたのだった。

『ブラタモリ』は綿密なリサーチに基づき制作されており、自分たち案内人には台本が渡されているが、タモリさんには渡されていないとのこと。番組の中で、案内人が出題する難問に、タモリさんは何気なく正解を連発するが、すべてご本人が推測しながら答えを導き出しているものだ。だから正解だと知ったタモリさんは心底嬉しそうな表情をされる。本当に驚いたり、無邪気に喜ぶタモリさんを観て、なんだか嬉しくなる視聴者も多いのではないだろうか。

そしてタモリさんには台本が渡されていないゆえ、本来の進行から脱線することもしばしば。でもその想定外のハプニングも番組の魅力として取り込んでいるようだ。実はあのライブ感こそ、ブラブラ散歩で自分たちが感じる悦楽と同類のものなのかもしれない。わき道に逸れ、寄り道ばかりでもちゃんと真実へと辿り着くタモリさんにエールを送りたくなる。

番組の中でタモリさんはこんな言葉を呟いてた。「上を向くな、下を見ろ」。自分たちの足元には、発見されるのを待っている宝物がたくさんあるのかもしれない。地図や地形図を片手に、ブラブラ歩きという名のささやかな冒険へと繰り出してみることをおすすめしたい。

エピソード5

自由という名のもとに地形と呼応する街

自由が丘

人通りの絶えない夕暮れ時の自由が丘駅前。

住みたくなる「谷の街」

自由が丘。群馬の田舎から上京した当初、何となく近づき難いハイソな山の手の街に思えたが、それは偏見に過ぎなかった。実際に訪れてみると住みたくなる街の代表的存在だと思う。

それでは「谷の専門家」が今回は、東京山の手「丘の街・自由が丘」を紹介したい。

まず地形的な観点でいうと、自由が丘も実は谷の街なのである。東急東横線と大井町線が交差する自由が丘駅は谷底の近くに位置し、人が行き交う商店街も広大な谷の中にある。まずは土地の高低差を表現した凹凸地形図

自由が丘周辺の凹凸地形図（カシミール3Dを使って作成）。

を見ていただきたい。

実際に歩いてみると自由が丘駅から離れるにつれ、上り坂が続き、丘の上は閑静な住宅地となっていることに気づく。谷の中の喧騒と丘の上の静寂。賑やかな商店街と閑静な山の手の住宅地、まさに凹凸地形と呼応するように街の性格が変わるところが面白い。自由が丘と同様の都市構造を持つ街は山の手にいくつか存在する。例えば中目黒や大井町、大塚など。なかでも代表的なのが渋谷の街だ。渋谷の坂道を上ってゆくと、松濤、神山町、鉢山町、代官山町など、駅周辺の喧騒と対照的な住宅街が控えている。自由が丘の場合も、駅周辺の商業地を囲むように緑が丘、宮前、八雲、そして田園調布など、高燥の住宅地が立地している。

自由が丘の駅と商店街が立地するのは大きな谷の底。

それでは谷の街なのに、なぜ「自由が丘」なのか？

その名は1927年に開校した「自由ヶ丘学園」からはじまる物語がある。

大正デモクラシーのなか、自由教育の提唱者・手塚岸衛が自らの理想を体現するために設立した自由ヶ丘学園。「自由」とは英語で言えば「freedom」ではなく「liberty」。「freedom」は制約のない状態を言うが、「liberty」は闘い・運動を通じて手に入れた自由という意味があり、思想や政治の用語である。

手塚が自分の学校のためにつくったワード「自由ヶ丘」は、当時の気運の支持を得て、住民の間で急速に広まってゆく。それは戦争にむかい、自由が制限されつつある時代背景もあったのだろう。反体制的な意味合いも持つ自由「liberty」は権力サイドからみればＮＧワードだったが、１９２７年には駅名に「自由ヶ丘」が採用され、１９３２年には街の名も正式に「自由ヶ丘」となってゆく。軍部の変更要求に屈することなく守り抜いた街の名、それは誇り高き住民の意思であり希望だったのだ。冒頭で「何となく苦手な地名」と書いてしまったが、自由が丘という地名には、この地に住む人たちの崇高なる思いが込められている。失礼を赦してほしい。

川がつくり上げた地形

自由が丘のお店については、多くのメディアが取り上げているので割愛し、ここでは自由が丘の地形について詳しく見てゆきたい。

商店街が広がる広大な谷間を流れたのは九品仏川と呼ばれる自然河川。現在は暗渠化され、九品仏川緑道として整備されている。九品仏川とは、世田谷区奥沢の九品仏で知られる浄真寺付近から流れてくる自然河川で、緑が丘駅の南側で呑川に合流していた。元々は世田谷区用賀付近の湧水を水源とする川だったが、谷沢川という肉食系河川に水の流れを横取りされてしまった。これは「河川争奪」と呼ばれる自然現象。谷沢川は元々、崖下の

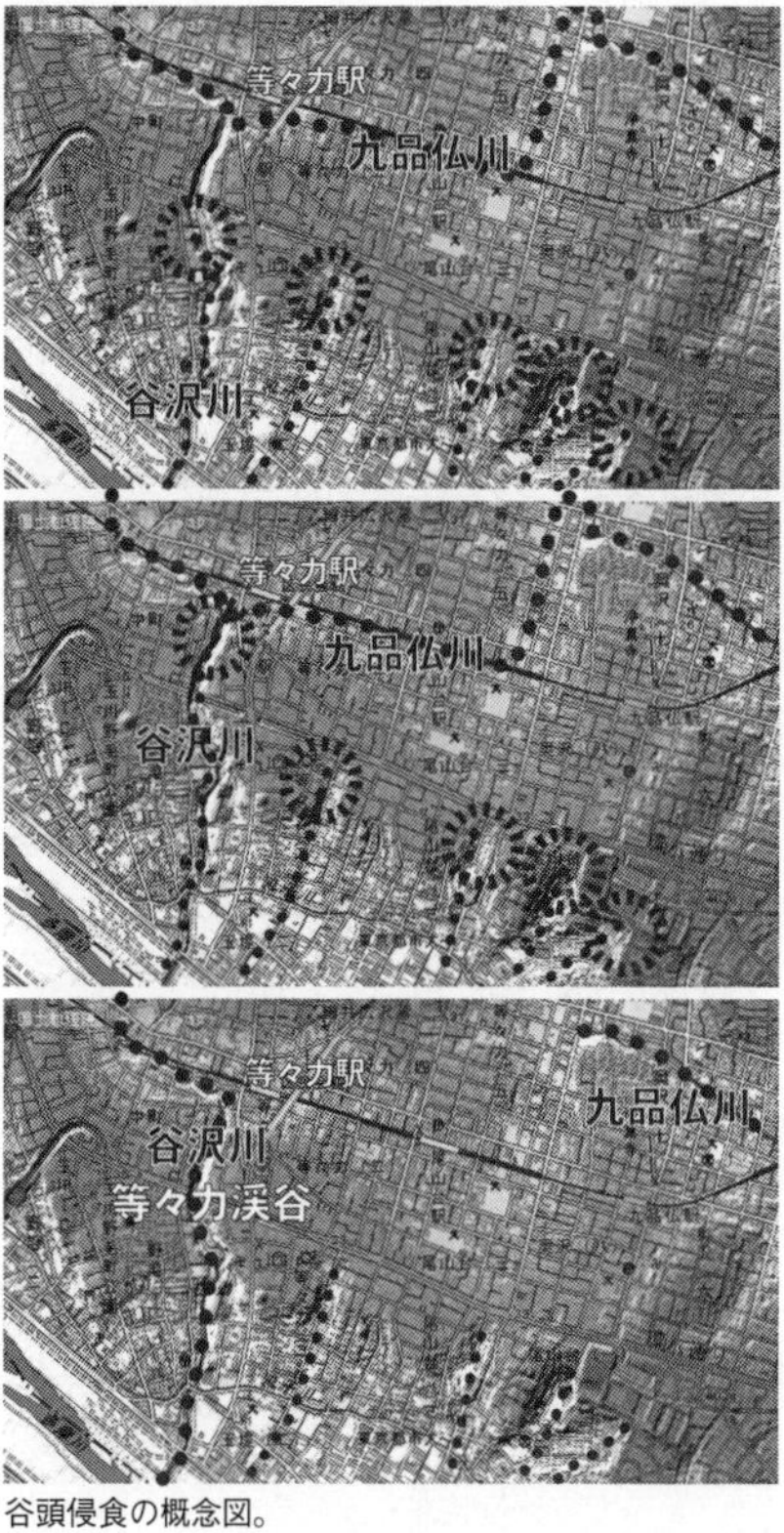

フェイズ①

崖線にはいくつもの湧水スポット（点線の赤丸）が存在し、九品仏川は丘の上を悠々とながれていた。

フェイズ②

湧水スポットはその湧出力によって、上流側へと移動してゆく（谷頭侵食）。そのうちのひとつ（谷沢川）が、九品仏川に到達してしまった。

フェイズ③

九品仏川の水が谷沢川へと流れ込み、大量の水による侵食作用で深い谷が刻まれた（等々力渓谷）。

谷頭侵食の概念図。

湧水を水源とする小さな河川だったが、湧水の侵食力によって、源流部（谷頭）を上流側へと移動させていった（谷頭侵食）。そして丘の上を流れていた河川（旧九品仏川）の流れを奪ってしまったのだ。旧九品仏川の流れを横取りした谷沢川は、一気に水量を増し、その侵食力で渓谷を刻んだ。そして生まれたのが等々力渓谷なのである。

自由が丘周辺に話を戻したい。一帯は江戸時代から昭和の初期まで衾《ふすま》村（のちに碑衾《ひぶすま》村）の大字谷畑と呼ばれ、九品仏川の氾濫原（現在の自由が丘駅周辺）には湿潤な地勢を活かして水田が広がっていた。坂を上った台地面は竹やぶや大根畑などが広がるのどかな農村だったという。農村が現代のような繁華街としての発展の契機となったのは、1927（昭和2）年の東横線（渋谷-丸子多摩川間）の開通だった。当初の駅名は「九品仏」。先に紹介した名刹浄真寺の最寄り駅として開業したのだが、1929（昭和4）年の大井町線大井町-二子玉川間の開通に伴い、浄真寺に近

都市にありながらも渓谷美を誇る等々力渓谷。自由が丘駅からは2駅の距離。

カシミール3Dを使って迅測図(明治19年)に地形表現を加えた地形図。

い駅を「九品仏」としたため、駅名の改称が必要となった。そこで地元で好んで使われていた「自由ヶ丘」が採用されたのだった（1966年に『自由が丘』と改称）。

書を捨て谷に出よう

それではいつものように「地形マニア」として自由が丘の街を歩いてみよう。

冒頭で「苦手だった街」と告白したが、上京後、敬遠していた自由が丘の街を最初に紹介してくれたのは、会社の先輩だった。「あなた、東京のこと知りたいんでしょ？」と、吉祥寺や下北沢、そして自由が丘など田舎もんがひとりでは訪れにくい山の手の人気の街を連れ歩いてくれたのだった。「東京の谷間が好き！」なんて公言する、ヘンタイ的な趣味にはしる前の若かりし頃のことだ。

さて、自由が丘駅の正面口改札をくぐると、商店が取り囲む駅前広場が迎えてくれる。休日だったので駅前は待ち合わせの人たちで賑わっていた。再会を喜ぶ場面も垣間見れて何だかほっこりする。若い人が多いのはもちろんだが、いろいろな世代の人たちが行きあう。

駅前広場は土地の傾斜を活かしたベンチが置かれ、人が佇むさまはヨーロッパの広場を想わせる。広場の片隅には女神のブロンズ像「蒼穹《あをぞら》」が佇んでいる。「自由が丘の女神像」の愛称で親しまれている像の足元に「自由が丘駅前広場の生い立ち」を記したプレートがあり、駅前広場誕生の経緯が紹介されている。それによると、戦争で焼け野原になった駅前の復興について、大論争があったという。焼跡につくられたヤミ市のマーケットが各地からの買い物客でごった返していた当時、既存商店を中心とした整備を望む人と、駅前広場をつくるべきとする人達の間で話し合いが繰り返され、結果として地元・東急・目黒区の三者が費用を負担し合って駅前広場が生まれたのだそうだ。戦時中も「自由が丘」の名を守った住民の、進取の精神を感じるエピソードだ。解説のプレートでも「先進的な考えを持っていた自由が丘の人々の気質が垣間見れる」と結んでいる。

駅前にある亀屋万年堂の2階にある和風喫茶へ寄ってみた。その昔、先輩に連れられて

開かずの踏切も都会ならではの風景。

自由が丘へ来た際、行ってみたい！　とリクエストした亀屋万年堂。「ナボナはお菓子のホームラン王です」というCMが田舎でも繰り返し流れ、東京のお菓子の代表（だと自分は思っていた）ナボナ、その本店は自由が丘にある。

2階の和風喫茶で抹茶を頼み、静かな店内を見渡す。自分以外の客は、祖母とお孫さん、あるいは母と娘さん、といった二人組。和菓子やぜんざいなどをつまみ、談笑する様子は何とも上品で山の手らしい。やはりここはグンマーとは違うのだ。下階で購入したナボナのパッケージを眺めていたら、その名のエピソードが紹介されていた。イタリアの菓子文化に感銘を受けた創業者が、ローマの「ナヴォーナ広場」に因んで命名したという。ナヴォーナ広場と言えば、東京スリバチ学会として初めて海外遠征したときの集合場所。不思議な縁を感じてしまう。先ほど駅前広場で感じたヨーロッパの広場のような佇まいは、安直な真似事ではなく、理念に醸成されたものだと納得する。自由という名のもとで。

店を出ると東急大井町線踏切の警報音が響いていた。絶え間なく行き交う大井町線の金属音と、響き合う踏切の警報音、その喧騒からも都会らしさを感じてしまう。カエルの声が田圃に響き渡る自分の故郷とはエライ違いだ。街歩きの醍醐味は、その街特有の音を味わったり、お店から漂ってくる美味しそうな匂いを楽しんだり、道端から漂ってくる花の香に気づくことにあると思う。街が持っている空気感みたいなものは中々紙面では感じ取れない。「書を捨て谷に出よう」だ。

踏切を渡って左手に続く道はマリクレールストリート。スイーツ店やラーメン店などが混在するところも自由が丘らしい。さらに坂を下ってゆくと九品仏川の川跡でもある九品仏川緑道が待っている。緑道の両側には雑貨屋やカフェ、ブティックなどオシャレなお店がならび、緑道にもベンチが置かれて多くの人が寛いでいた。語り合う男女や本を読みふける人など、思い思いの時間を暗渠の上で過ごしていた。犬を連れた人たちが緑道で談笑する様子が都会的だ。エピソード1では谷間には猫が多いと紹介したけど、居心地のよい場

九品仏川を暗渠化して生まれた緑道は自由が丘の貴重なオープンスペース。

所には犬だって集まるのだ。ただし集まっているのは大型犬。坂の上の住宅地から散歩でやってきたのだろう。大型犬を指さし「あの犬、絶対あたし達より賢いよ」って先輩が言ったのを思い出していた。

先輩とスリバチ街歩き

谷の底で繰り広がられる微笑ましい光景を眺めていたら、長身のマダムに声をかけられた。

「あれ、後輩くんじゃない？？　久しぶりね。この間、ＴＶで見かけたからすぐにわかったよ」

なんと自由が丘の街を32年前に紹介してくれた会社の先輩だった。鼻筋の通ったキレイな顔立ちから、記憶を辿らずともすぐにわかった。

「久しぶりですね〜。懐かしいです！　この辺にお住まいだったんスか？」

「うん。この先の坂を上った住宅地だよ。そういえばTVでは『地形の専門家』みたいに紹介されていたけど、それってブラタモリみたいなやつ？？　だったら自由が丘をTV番組みたいに案内してよ。あっ、その前にちょっとだけ買い物につき合ってくれない？」

相変わらず強引なもの言いだったけど、32年前のお礼も兼ねて、先輩をスリバチ学会的な地形散歩にお連れすることにした。まあ自由が丘はひとりで歩くより2人の方が楽しいしね。

駅前広場を横切り、坂を上ってゆく。自由が丘駅周辺は、車の進入が制限されているため、歩くにはちょうどよい。おまけに石畳で舗装されている小路も散見でき、歩く気分も盛り上がる。車には不便かもしれないけど。そう、ヨーロッパの都市の中心市街地、歴史街区では車両の進入が制限されている場合が多い。人の歩く速度・スケールに合わせたお店の顔（ショップフロント・ショップファサード）が街に彩と賑わいをつくり出している。路上と一体的な演出をしていることもあるし、路上へ店舗がはみ出したりしているケースもある。

自由が丘のショップフロントも個性を競うように色とりどり。街路に対してオープンなだ

個性的な店が街路を彩る自由が丘。

けでなく、ちょっとした寛ぎスペースを用意しているところが多い。街に対して貴重なスペースを店側が提供している。そうした街への貢献が、自由が丘という街並みの魅力を高めていると思う。駅前広場を創出したときのような、住む街を愛し、街を良くしようとする「心意気」が継承されているのだ。

サンセットアレイという小路へ出た。自由が丘には雑貨店が星の数ほどあるが、この通りにある「私の部屋」は中でも老舗に属するだろう。30年前、先輩に連れられてきたときは、自分の田舎には決してなかったオシャレさ、新鮮さに感激した。興奮気味の自分を見て先輩は、「じゃあ次回は『私の部屋』で待ち合わせよ」と言ってくれたが、一瞬ドキッとしたものだ。

先輩の買い物につき合い、ショップを何軒か巡る。どのお店も個性的でオシャレ。歩くだけでも幸せな気分になる。流行のお店と昔ながらの老舗が軒を並べる様子も自由が丘ならでは。道行く人の世代もバラバラだ。通りの名も、すずかけストリートやメープル通り、そして自由通りや緑小通りなど新旧混在が面白い。

上京後間もない自分に東京を案内してくれた先輩に連れられ、昔のように自由が丘を散策した。どの店もオーナーのこだわりがインテリアや品ぞろえに出ていて、チェーン店にはないアイデンティティを感じる。先輩は相変わらずカワイイを連発していた。山の手の街を2人で巡った若かりし過去を振り返る。先輩に連れられて歩く初めての山の手の街は、見るものすべて新鮮で驚きに満ちていた。でも「あなたはイイ人よ」って誉めてくれたと思ったら、以後あまり誘ってくれなくなった。意味がよくわからない。

下り坂に誘われて

オシャレな通りをいろいろ歩き、再び戻ってきたサンセットアレイに夕陽が沈みかけていた。道の先が僅かではあるが、下っていることに気づく。思わず自わから進んで歩き出していた。「どこへ行くの?」という声が後ろから聞こえてきたが、サンセットアレイに並行する北側の道（ヒルサイドストリート）を目指す。西側を望むと、想像通り下り坂なのがわかった。サンセットアレイよりも急な坂道。

「近くに熊野神社があるから行ってみませんか？」

興奮を抑え、先輩を誘ってみる。キョトンとした先輩が後をついてくる。

「久しぶりだよ、熊野神社。子どもの頃に何度かは遊びに来たことはあったけど」

熊野神社の境内は、繁華街の賑わいが嘘のように森閑としていた。思い出に浸る先輩を横目に、石畳の長い参道が自由が丘の街路構成と若干ずれていることに気づいた。

「神社にお参りに来るなんて、私たちもそういう歳なのかもね」

最近は若い人でも神社へ参拝に訪れる人は多い。ミーハーだった自分たちは当時、あまり関心がなかったに過ぎない。

しかし今は違う。地形マニアとして神社には必ず立ち寄ることにしている。神社の立地は地形と深く関係しているから

階段を上った先に祀られた熊野神社。台地の突端に建立されている神社は多い。

だ。熊野神社を極楽浄土にみたて、この地に分霊を祀ったのは江戸時代だといわれている。その頃はどんな風景が広がり、どんな地形だったのか?古い歴史をもつ神社は、台地の突端や岬状の場所に建立されていることが多い。言い方を変えると、神社の周囲に谷間を発見することがあるのだ。

境内の木立越しに、周辺の地形を感じようと試みる。参道は駅前の谷間から伸びているから、境内の両側に小さな谷筋が存在するかもしれない。今来た道を想い返す。夕陽が綺麗だったサンセットアレイの先がおそらく谷筋だろう。隠していた地図を広げる。その通りの名は学園通り。比較的碁盤目状に整えられた自由が丘の街の中で、学園通りの軸だけがずれていることがわかった。そのズレは熊野神社と参道とほぼ並行していることも地図から読み取れた。いにしえの道に違いないと推測する。

さらに「自由通り」がズレた軸線とほぼ並行しているのも発見した。その延長が熊野神社を取り囲むもうひとつの谷筋かもしれない。古来の道は低地と高台を結ぶ場合、谷筋を利用することが多いからだ。拝殿に向かって右、すなわち東側にあるはずの谷筋を妄想する。境内から木立の先を見通してみた。茜色の空は広い。

谷間の存在を確信し鳥居をくぐって神社の東側へと回り込む。先輩はしぶしぶついてく

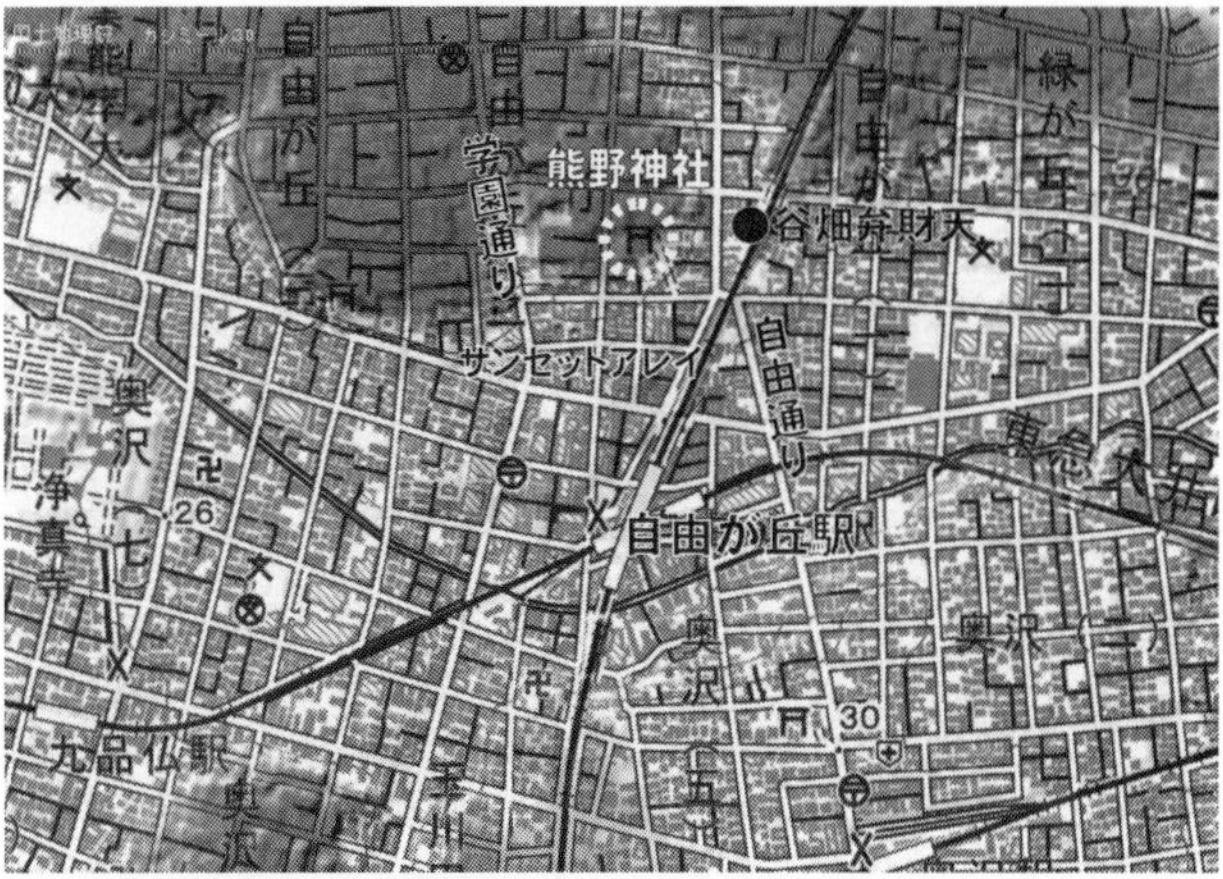

熊野神社周辺の街路図（地形表現はカシミール3Dを使って作成）。

る。

「自由通りの商店街ね。あなたの好きな亀谷万年堂の総本店もあるわよ」

自分の過去を覚えていてくれた先輩をさしおき、周辺を見渡す。ノスタルジックな佇まいを残す自由通り商店街は谷筋に違いない。エピソード1で紹介した谷の街・戸越銀座と同じ構成だ。

いま来た道を振り返ると、熊野神社の杜が夕陽越しにシルエットで見えた。自由通り商店街の東側は上り坂になっているかもしれない？　そんな想像がはたらき、自由通りの坂を上ってゆく。

「亀屋万年堂には寄らないの？　本店ならではの限定品もあるのに」

自由通りがあるのも谷筋だ。

先輩の声はもはや耳には入らなかった。足早に坂の先の交差点を目指す。左から交差する道は上り坂だが、右側の道は予想に反し、ほぼ平坦だ。けれども東横線のガードの手前、道の片隅に小さな案内板が立っていることに気づいた。近づいてみると「谷畑弁財天」と書いてある。

案内板が立つ路地へと進む。路地は20ｍほどでドンツキだったが、その右側に赤い鳥居が見えてきた。鳥居の先に小さな池があり、池に架かった太鼓橋の先に弁財天が祀られていた。解説板には「このあたりは碑衾村大字衾谷畑と呼ばれた頃、清泉が湧き出ていた」とあった。恩恵を受けた当時の村民が、「水の神」をこの地に祀ったのだろう。ここから発した水は九品仏川に注いでいたに違いない。谷間を歩くと湧水ス

かつての湧水スポットに祀られた谷畑弁財天。弁財天は水の神として水辺に祀られることが多い。

ポットや祀られた弁財天に出会うことが多いが、丘の街、否、谷の街ならではの出会いに心惹かれてしまった。地形街歩きの面白さは意外なる発見、そして出会いにある。

「あなた32年ぶりに再会したときよりも興奮してるわよね」

ガードを渡る東横線の騒音が、二人の沈黙をかき消してくれた。

エピソード6

路線バスで渋谷の凹凸地形を堪能する

渋谷・代官山

深紅のバスに乗っかって

渋谷の街をひた走る、東急トランセというミニバスに記者の方と乗車する機会があった。驚愕の渋谷の地形を体感した凹凸乗車体験記をおとどけする。

「バスでは、どの席に座りますか？」

取材で同行する記者の方が訊いてきた。

「自分は後部座席に座ります！」

「私は運転手席の近くです。窓が大きく、景色がよく見えますからね。ところで、修学旅行の時、後部座席に座るのはワルでしたよね！」

風景を見逃すまいとする記者のプロ意識に感心する。ちなみに自分が後部座席に座るのは、バスが上り下りする様子が後部座席の方がよくわかる気がするし、走る街の情景とともに移り変わる、車内の雰囲気を後部座席から観察するのも好きだからだ。東急トランセは、渋谷駅から代官山にかけての凹凸地形を体感するには格好のアトラクションとも言える。しかし、自分はワルではない（つもりだ）。確かに修学旅行のとき、後部座席を占拠していたのは、クラスの中でも体格のいい、ウルサイ連中であった。その頃自分は、運転手のすぐ後ろに座ることが多かったように思う。別にワルに遠慮していた訳ではなく、前

代官山の起伏ある道をゆく深紅の車体の東急トランセ。

方席の方がバスガイドのお姉さんと話をするチャンスが多かったからだ。ワルの連中が後部座席を陣取るのは、先生からもっとも遠いシートという理由もあろうが、車内全体を見渡し、バスの中を掌握したかったのだろう。気分の悪くなったヤツはいないか？　など、案外責任感の強い連中だったのかも知れない。「先生、バケツ！」とまっさきに騒いでいたのは、彼ら

だったのだから。

さて、渋谷駅西口バス停に東急トランセが静かに入ってきた。小柄で真紅の車体はなかなかオシャレである。しかもドライバーは女性。しかし、誇り高き地形マニアはここでブレてはいけない。過ぎ去りし日のバスガイドさんとの思い出は胸に秘めつつ、後部座席に身を沈める。

渋谷でジェットコースター体験

トランセは渋谷駅を出発すると、高層ビルの立ち並ぶ246号線の直線状の坂を一気に駆け上る。丘の頂にほぼ近い交差点を鋭角に左折すると南平台町だ。ビンテージマンションや大使館が立ち並び、渋谷駅至近にありながらも閑静な高級住宅地のはじまりだ。バスは南平坂を下りはじめるが、信号機のある交差点が底辺で、その先がまた上り坂となっている。向かい合う坂、最初に出会うこの谷をつくったのは、鉢山分水支流と呼ばれた渋谷川の一支流。かつては上流部を走る三田用水から補水を受け、灌漑用水として谷間の水田を潤していた。鶯谷へと続くこの谷筋は、現在のような住宅地となる前は、谷間の小さな沖積地で稲作が行われていた場所なのだ。

バスは谷の底を右折し、川を遡上するよう台地へと上ってゆく。旧山手通りを越え、標高が一番高い場所で尾根道を横切る。この稜線に築かれていたのが三田用水で、旧下北沢村（現在の笹塚駅南）で玉川上水から取水し、江戸城下南西部の屋敷地へ給水する目的で開削されたものだ。当時は自然流下で水を遠方まで流す必要があったため、その流路は尾根筋を選んで開削される場合が多かった。この辺りの流路は道路に置き換えられ、残念ながら用水の痕跡は見つけることができない。

尾根筋を横切るとバスは一気に目黒川の沖積低地へと下ってゆく。目黒川の谷は典型的な非対称谷で、対岸の北向き斜面がなだらかなのとは対照的に、南向き斜面は崖状なのだ。急な斜面を目の前に、前方の視界が一気に開け、空に向かってバスは急降下する。同行したカメラマンの驚きの声が車内に響く。この急勾配の体感は、まさにジェットコースターのようで、ミニバスならではの楽しみだ。

坂を下りるとそこは目黒川の沖積地で、右手に目黒川緑道が続いているのが見える。桜並木の遊歩道に沿って、カフェやブティック・ギャラリーなどが中目黒駅まで続き「芸能人と出会う確率の高い街」とも言われるのがこの界隈だ。バスは菅刈公園を左に見つつ、その際に沿って走り、西郷山公園脇を切通しの道で緩やかに上ってゆく。そして旧山手通り

自然が保全された崖下で水を湛えた菅刈公園。

の下をトンネルでくぐり、ループ状に迂回して台地の旧山手通りへと進入する。ジェットコースターを思わせる下り坂とは対照的なこのコース取りは、高崎と新潟を結ぶ上越線が三国連峰を越える「ループで名高い清水トンネル」を思い出させる。

広大な敷地を誇る菅刈公園と西郷山公園はどちらも元々、豊後の岡藩主中川家の抱屋敷（別邸）だった土地で、敷地の高低差を利用して滝や池のある回遊式の大名庭園が造られていた。明治になってからは、西郷隆盛の弟、西郷従道の屋敷地となり、地元ではいつしかこの一帯を西郷山と呼ぶようになったらしい。屋敷地はその後、国鉄用地などを経て、目黒区の公園として段階的に整備、開放された。西郷山公園では、展望台から目黒川の谷と対岸の目黒台地、そして冬の晴れた日には遠く富士山も望むことができる。一方、菅刈公園では、保全された崖線の緑地帯や、大名庭園の面影を感じさせる日本庭園が見どころだ。庭園内の滝や池は、発掘調査に基づいて復元されたものだという。

地形が建築を、建築が街をつくる

さて、バスの走る旧山手通りの両側には洗練されたデザインの建物が連なっている。並木道の緑に白いシンプルな建物がよく映える。これらの建物群は代官山ヒルサイドテラスと呼ばれ、オーナーである朝倉不動産株式会社と建築家・槇文彦氏のタッグによって、30年以上の長い歳月をかけ、徐々に整備された街並みなのだ。代官山は今でこそ、国内外から注目される観光地のひとつとなったが、現在のようなおしゃれな街並みのきっかけをつくったのが、この代官山ヒルサイドテラスと言っても過言ではない。代官山ヒルサイドテラスは商業と住居が混在することに加え、ギャラリーやイベントスペースなどの文化施設が同居していることがポイントだ。そしてこの地に関係する人々が代官山を愛し、地域の住環境向上に努めている「香」のようなものが街に漂っている。だから代官山を訪れると

旧山手通り沿いの町なみを形成する代官山ヒルサイドテラス。

きは、他の商業地に出かけるのとは違う、心構えがあるようにも思う。

バスは代官山交番前の交差点を左折するが、この交差点近くにある旧朝倉家住宅にもぜひ立ち寄りたい。代官山ヒルサイドテラスのオーナーである朝倉家の邸宅は、平成16年に重要文化財に指定され、一般に公開されたものだ。主屋は木造2階建で大正時代の和風建築の趣を色濃く残し、庭園は地形の起伏を取り入れた回遊式の庭園で池や滝が配されている。淀橋台南向崖線が保全されており、地形マニアも必見だ。

旧山手通りを左折した八幡通りの両側には、近年オープンした多彩な商業建物が並び華やか街並みが続く。とくに代官山アドレスと呼ばれる再開発地の周辺には、新旧のカフェやブ

猿楽分水支流に架かっていた橋が道端に残されている。

ティックが競い合い、行き交う人も多い。代官山アドレスは、惜しまれながらも解体された同潤会代官山アパートの跡地を再開発したもので、代官山ヒルサイドテラスと並んで、街の吸引力になっている。ちなみに八幡通りはそのまま進むと並木橋で渋谷川を渡り、坂を上った先の金王八幡宮前へと至る。この八幡宮が通りの名の由来であり、平安時代後期から室町時代にかけて、渋谷城のあった丘陵である。

ここでは代官山アドレスの開発地奥が、微妙に下っているのを車窓からでも気付いてほしい。この窪みは、東急東横線のルートと沿うよう渋谷川へと続く小さな谷筋で、猿楽分水支流と呼ばれた渋谷川の支流が流れていた。鉢山分水支流と同じく、元々は自然河川であったが、最上流部で三田用水から取水し、灌漑用の農業用水として渋谷川沖積地の水田地帯を潤していたものだ。

右手に谷の気配を感じつつも名残惜しいがバスは八幡通りを左折し、猿楽町の台地を走る。この辺りは緑も豊かな高級住宅地となっていて、弥生時代後期の遺跡が保存された古代住居跡公園もある。台地の突端にある乗泉寺前を過ぎると、道はまた谷間へと下りてゆく。町名では鶯谷町であり、先ほど通過した鉢山分水支流の河谷下流部にあたる場所だ。かつてはこの一帯を長谷戸とも呼び、谷底を流れた水路跡は遊歩道として現在も残されている。

南向きの急な斜面地を利用した朝倉邸の庭。

またこの谷筋には、山の手の下町っぽい、ローカルな商店街が続いている。

バスは谷間をあっさりと越え、最後の丘、桜丘町に入る。丘の上には高層ビルが立ち並び、鶯谷町の低層の街並みと対比すると、建物のスカイラインが地形の凹凸を強調しているかのようだ。桜並木の坂道を下りればもう、渋谷駅前、終点である。

以上、東急トランセの走るコースで、渋谷駅から代官山駅にかけての微地形を味わい尽くせた。東急トランセはミニバスなので住宅地の狭隘な街路を走るのには都合がよく、街の雰囲気もその分、間近に感じられた。加えてコンパクトな車体は地形の起伏にとても敏感だ。

それにしても、ガードレールや木々が迫る細い道を、軽やかに疾走するドライバーのテクニックには惚れ惚れする。車体を完全に自分の身体感覚に取り込んでいる操縦だ。そして起伏激しい地形を自由自在に駆け巡るミニバスは、まるで「空間」を飛ぶかのごとしだ。彼女たちはドライバーと呼ぶより、パイロットと呼ぶ方が相応しいのかも知れない。僕は、凛としたパイロットの背中に、「セイラさ〜ん！」と心の中で呼びかけた。

コラム3

二つの世界を行き来する?

ワーク・ライフ・バランスのすすめ

仕事の世界と趣味の世界

わたしは建設会社の設計部門に所属し、オフィスビルやマンション、商業施設などの建築設計を手掛けている。小学生の頃、上京のおり原宿にある国立代々木競技場に衝撃を受け、建築の設計を通じて、自分が味わった感動を他の人にも与えられたら……などと大胆にも思い、建築家になることを夢見てしまった。現在は会社組織の中ではあるが一級建築士を生業とし、設計図と向き合う毎日を過ごしている。現実の設計業務はイメージと違って地味な作業が多いのだが、図面に描いた構想が、世の中に立ち現れる場面では、この仕事に就いた喜びを実感している。

一方の趣味の世界では、ご存じのとおり大好きな街歩きの延長線上で「東京スリバチ学会」なるものを19年前に立ち上げた。休日などには東京スリバチ学会の会長として、都内に点在するスリバチ状の窪地や谷間を探し求めている。「学会」といっても学術的な研究を行っているわけではなく、同じ趣味を共有する人たちの集まりに過ぎない。友人たちが自分のイベントに参加する際、「学会に出席する」と言えば、家族の理解が得やすいだろう、程度の軽いノリだ。

東京スリバチ学会のフィールドワークの様子。

サラリーマンとしての平日の顔（ワーク）と、東京スリバチ学会の会長という別の顔（ライフ）を使い分けながら、異なる「世界」を楽しんでいる。新聞記者がスーパーマンに変身する、ってほど劇的で格好良くはないが、二つの世界を行き来することで、見えてくるものもある。

東京スリバチ学会の活動とは？

東京スリバチ学会の主な活動は地形図や古地図を使っての街歩きだ。月に1回くらいのペースで、自分が地形的に興味を持ったエリアを対象に、参加自由の街歩きイベントを開催してきた。ブログで告知し、現地集合・現地解散、参加費無料、でも自己責任ということで広く参加者を募ってきた。イベント後には、歩いて気づいた地形の面白さなどをブログで発信していた。学会と呼べるほどの活動成果もなかったが、目標などはとくに掲げずにマイペースで続けているうちに参加者も徐々に増えていった。

フィールドワークだけでなく、都市を見つめ直すワークショップを実施。

継続は力なり？　学会活動は19年目に突入！

20年ほど前、会社の先輩がこんな言葉をかけてくれた。「どんなことでも10年続けていると、何かしら成果が得られるはずだよ」。建築設計という仕事は、図面に描いてもすべてが実現するわけではない。クライアントの都合や社会情勢などで設計変更があるのは当たり前だし、プロジェクトそのものが頓挫することだってたびたび。何よりも自分たちが理想とする建築を実現できるのは極めて稀なことだ。夢の実現を急ぐ自分に対し、現実の厳しさを諭し、でも諦めずにコツコツと取り組み続けることの大切さを、励ましながらも教えてくれたのだと思う。その先輩とは、日常の業務に加え、休日を返上して勉強会を開催したり、一緒に建築専門誌の寄稿に取り組んだりもした。

リアルな東京を知ることができるとして、海外の人たちにも人気があるスリバチ学会のツアー。

一方、東京スリバチ学会の活動は今年（2018年）で19年目に突入した。少人数で続けていたフィールドワークも参加者が増え、先輩が言っていたように10年続けていたら、いろいろなことが起きた。スリバチブログを読んでくれたある出版社から本を出す機会をいただいたり、ラジオやテレビ番組から出演のオファーもあった。母校である東北大学の建築学科では、東京スリバチ学会の会長として講座や研究の場を与えていただいた。現在は法政大学でも非常勤講師を務めている。

学会の認知度も高まり、「地形に着目して街の魅力を発掘する」手法が評価され、2014年には『グッドデザイン賞』にも選定された。受賞の際にはその「手法」だけでなく、誰もが参加できるスリバチ学会というプラットホームを継続的に提供し、情報発信を続ける「活動」や「取組」も評価されたのだった。

東京スリバチ学会というプラットホーム

東京スリバチ学会の集まりでは、社会的な肩書や地位はとくに意味を持たない。東京特有の凹凸地形を愛でる楽しみを共有するだけなので、世代や性別・国籍をも越えて共感者がフラットに集まっているだけだ。ノルマがあるわけではなく、団結もしない緩い学会活動の中で、仕事の世界だけでは決して得ることのできない貴重な出会いや、広い付き合いを得ることができたと思う。

「スリバチ学会」というネーミングからか、集う人たちも趣味人が多く、みなさん個性が光っている。これが例えば「地形学研究会」とかだったら、また違う道を歩んでいたと思う。スリバチ学会に集まったのは、地理や地学に興味を持つ人だけではなく、暗渠マニアやマンホールマニア、なぜか団地マニアや排気塔マニアなど多種多様な人たちだった。マニアと呼ばれる人たちはみな、好きなものに対するこだわりや愛が尋常ではなく、自己表現や情報発信に、自分も引き込まれていった。スリバチ学会のイベントで一緒に歩いていても、関心ごとは人それぞれで、逆に自分自身がモノの見方や解釈の違いなどを学ぶことができた。気づくことの大切さを教えてもらい、目からウロコなんてことも多く、お互いに刺激し合いながらの楽しい活動となった。

どんな街にもその土地特有の地形がある。そしてそれが街の文化や歴史に深く関係する場合が多い。マニアックと思われた自分たちの活動にも、ある種の普遍性があるようで、SNS等を通じて共感の輪が全国に広がり、連絡を取り合う仲間も増えていった。東京スリバチ学会として遠征し、地元の方々と一緒に街歩きイベントを開催すると、地元の人たちが自主的にスリバチ学会を立ち上げてくれたりもした。宮城スリバチ学会や名古屋スリバチ学会、フィレンツェスリバチ学会など、ご当地スリバチ学会が各地で立ち上がり、地元のコミュニケーションの場にも育っていることは自分にとっても大きな励みとなった。

また、東京スリバチ学会で出会った人たちがチームを組み、コンペで仕事を勝ち取った例もあった。地図オタク、グルメライター、街づくりコンサルといった、個性豊かな女子3名がタッグを組んで提案コンペに応募し、自治体からガイドマップ作成の業務を受注したのだった。

「それって仕事の役に立つの？」という問いかけ

東京スリバチ学会の活動が世に知られるようになると、会社の人たちも関心の目を向けてくれるようになった。自分に投げかけられる質問のひとつに「それって仕事の役に立つの？」があるが、「建物を設計するのに地盤情報は大切だからさ」とシンプルに返答している。けれども自分が思うことはそれ以上にある。

それは、仕事では不要と思っていた知識や情報には、かけがえのないヒントが隠されているということだ。都市の地形は防災上の観点で、知るべき情報なのは言うまでもなく、街の成り立ちはその土地の特性と深く関係しているのだ。立地特性を分析し、建築計画に昇華させることは、建物の意味付けを深化させ、提案の説得力も増すのだ。他社と提案力を競うコンペなどの場合、より広い視点から分析を試みた具体性のある提案は、クライアントの心に響くことが多いように思う。自分が関わった提案コンペでは、この20年間全戦全勝、会社の受注拡大と利益向上にも貢献できていると思う。

加えて設計に望むスタンスについても触れておきたい。建築設計という仕事は、理想を追求するあまり、自己の領域に籠る傾向があると思っている。そんな状況では、設計作業も行き詰ることが多いように思う。そんなとき、街の観察者のように、一歩引いた目線で

東京の街の成立ちは、土地の高低差と深く関係している。この写真からは高層建築は高台に、低地に低層建物が密集している様子がわかる。

対象を眺め、プロジェクト全体を俯瞰し、冷静に自分の状況や相手の立場を考えてみることで解決への糸口を見いだせることが多々ある。建築設計には社会性が欠かせないが、実務に追われるとどうしても計画者の視点、建設者サイドの立場になりがちだ。しかし、使う側・生活者の視点での発想も欠かせないはずである。異なる視点からバランスを保ちつつ最適解が導きだせれば、プロジェクトは結果的に成功へと向かうはずなのだ。

そしてもうひとつ、マニアックな人たちと接して気づいたことだが、どんなものにだって固有の物語が隠れている。何でもないと思っていたこと、あるいは小さなものにだって独自の世界があり、気づきさえ得られれば自分

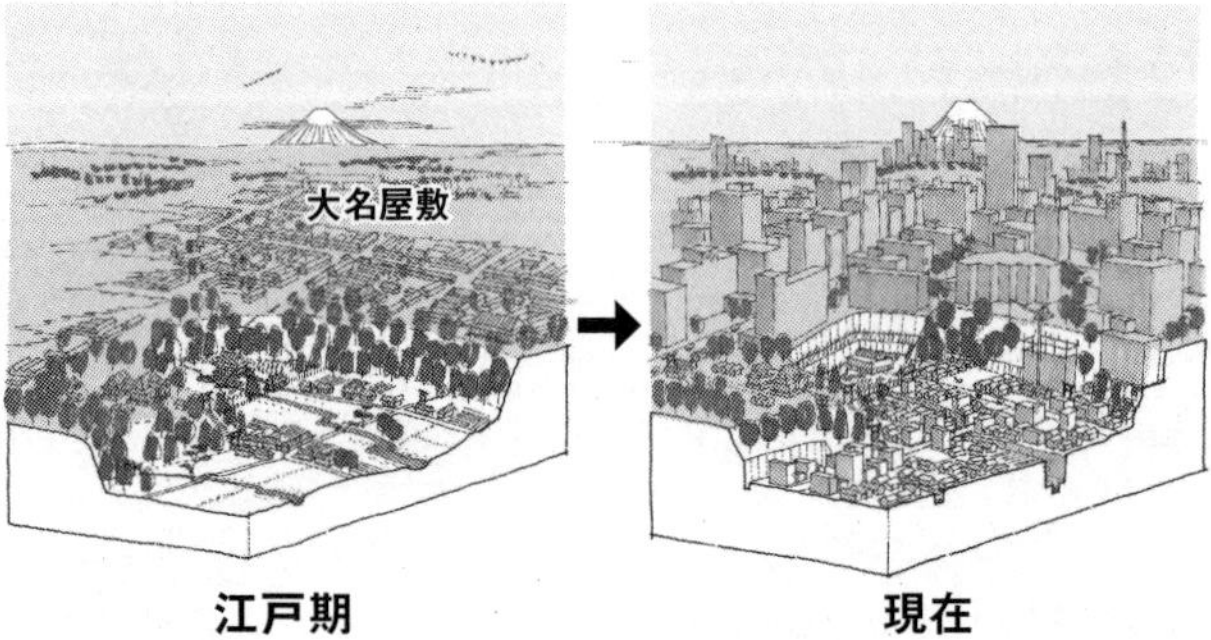

山の手の「下町」の変遷。東京の街は江戸の土地利用の上に成り立っている。地形に着目することは土地の歴史を知るきっかけとなる。

たちはそこから感動を得られるし、与えることもできるはずだ。仕事に置き換えれば、国家プロジェクトのような大きな仕事に限らず、どんなに小さな仕事でも人に喜びを提供できるし、豊かさをつくり出すことができると思う。

「仕事」が「趣味」にも活かされている?

反対に仕事での経験や手法が「趣味」である東京スリバチ学会の活動に与えたメリットがあるか振り返ってみた。建築設計のプレゼンは図面や言葉を駆使して、クライアントに納得してもらうことが肝心である。専門的な説明も伝わらなくては意味がない。そんなことでスリバチ学会からの情報発信では相手に伝わること、わかりやすさを第一義に考えてきた。自分は地理や地学の専門家ではないため定量的な分析や説明力には限界を感じるが、その代わりとして、素人目線で意味を伝えるよう心がけた。また分野に縛られることなく、活動範囲も限定せず（行政単位に縛られず）、自由に活動し情報発信を続けてきた。

本業の建築設計において、設計主旨を相手に伝える場合、自分たちは簡潔でわかりやすい「キャッチコピー」を用いることがある。その延長かもしれないが、東京スリバチ学会の成果を発表する際、なるべく短いセンテンスで言いたいことを伝えるよう心がけてきた。それを「スリバチポエム」と呼んでいるが、いくつかを紹介すると、「スリバチの空は広い」「すべてのスリバチに物語がある」「街のくぼみは海へのプロローグ」「谷を流れた川は一筋ではない」「谷間に咲く花を求めて」などである。具体的な意味を知りたい方は、拙書『増補改訂　凹凸を楽しむ東京「スリバチ」地形散歩』（宝島社）をお手に取っていただけたら幸いだ。

閉じた世界にこもることなく、書を捨て谷に出よう

二つの世界を行き来しながら、二つの人格（キャラ）を演じるのも案外楽しい。建築設計者としての顔（ワーク）と、スリバチ学会会長としての顔（ライフ）。でも今はどちらがアバター（化身）なのか自分でも曖昧になってきた。

自分の場合、もうひとつの世界を持つことで、閉じがちな「会社」という世界だけでは得られなかった人との出会いがあったし、チャンスにも恵まれた。視野が広がっただけでなく、世界も広がったのだ。そしてそれが結果的には仕事にも活かされていると自負している。思えば誰もが複数の世界を掛け持ちしているのではないだろうか。会社・家族・友達づき合い・サークル活動……それぞれの自分を演じながら、視点を変えてみる、視野を広げてみることで、気づくこともあると思う。

自分がおススメするのはとにかく自分の足で街に出てみること。籠っていては得ることのできない予想外の出会いが待っているかもしれないのだ。「書を捨て谷に出よう」である。そして、いつもと違う道を行くのもよいかと思う。メインストリートだけではなく、わき道に逸れ、寄り道するのもいい。「わき道に逸れてみたらそこはスリバチだった」があなたにも訪れるかもしれないのだから。

エピソード7

地形マニアと鉄オタの湘南モノレール乗車体験記　前編

旧友とふたり、江の島へ

東京からも電車で気軽に行け、観光気分も味わえる江ノ島・湘南。ここでは東京を離れ、東京スリバチ学会会長と高校の友人の二人旅「地形マニアと鉄オタの湘南モノレール乗車体験記」をおとどけしたい。

「湘南モノレールに乗りに行かないか？」

高校時代の同級生からメールが届いた。その友人とは最近ＳＮＳを介してネット上で再会し、30年ぶりにお互いの近況をやり取りするに至った。最初に彼からメールが届いたのは、昨年に自分があるＴＶ番組に「谷を偏愛する地形マニアの変人」として出演し、本名が晒されてしまったのがきっかけだ。彼とは高校時代に同じ鉄道研究会に所属し、当時流行っていたフォークギターを一緒に練習したりした。「建物の設計をやりたい」という漠然とした夢を話し合った気もする。そんな彼とバーチャルな再会は果たせたが、これまでとくに会う機会はなかった。

地元群馬県で起業した建築設計事務所の経営も軌道に乗り、子どもも大学へと進学したため時間的にもゆとりが持てるようになったのだろう。大好きだった鉄道趣味に近年ふたたびのめり込んでいるらしい。鉄道好きには「乗り鉄」や「撮り鉄」「旅鉄」など様々なジャンルがあるが、鉄道研究会車両班だった彼は今「乗り鉄」に分類されるだろう。全国各地のめずらしい鉄道に乗った体験記を自慢気にSNSに投稿していた。ちなみに自分は鉄道研究会の廃線跡班に所属、班員は自分を入れて2人だけだった。廃線跡探索は高貴な大人の趣味なのだ。わかる高校生が少ないのは仕方ない。

「乗り鉄」の彼からのメールは、群馬から仕事で上京するついでに湘南モノレールに乗ってみたいというお誘いだった。群馬県民にとって「湘南」はひとりでは行きにくい土地なのであろう。いいよ、とメールで伝えたら、電話がかかってきた。

「今度、つき合ってくれるん？」

「ああ。自分も乗ったことないけど、何処と何処を結ぶ路線だっけ？」

「大船と江の島。有名な路線だんべ。マニアじゃなくてもみんな知ってるんさ。それでも

湘南モノレール周辺の地形図（カシミール3Dを使って作成）。

鉄ちゃんなん？」

　群馬弁にムカついたが、確かに大船駅でモノレールの桁を見た気がする。何よりも大船や鎌倉といえば、「谷戸」と呼ばれる自分が大好きな谷地形が多いことを思い出した。通常の鉄道よりもモノレールは起伏ある地形に対応しやすいはずだ。どのように起伏ある地形と折り合いをつけ戯れているのか、ふつふつと興味が湧いてきた。電話口での間が空いたため、念のため聞いてみた。

「江の島へ行くなら、小田急なら新宿から一本だし、鎌倉から江ノ電に乗るのも観光気分を味わえて楽しいかもよ」

「今回は湘南モノレールに乗るのが目的な

んさね。それに小田急は何となく都会の路線っぽくて敷居が高いし。鎌倉経由は遠慮するよ。上州新田郡から馳せ参じると鎌倉市内で斬りつけられるかもしれないから（笑）」

たしかに小田急線や田園都市線は群馬県民にとっては憧れの路線であるとともに、都会的なイメージでハードルが高い（それに比べ東武線や西武線はどこか親近感があってよろしい）。しかし鎌倉を避ける理由は理解しがたい。鎌倉幕府を滅ぼした新田義貞のことを恨みに思う鎌倉の人は少ないだろう（ですよね？）。そもそも新田義貞の故郷が群馬県旧新田郡だなんて知る人は少ないに違いない。

「やっぱ湘南モノレールに乗るのが目的なんだね。大船までどうやって来るの？」

「今は高崎線が上野東京ラインや湘南新宿ラインで乗り換えなしで大船まで直通運転なんさ。それでも鉄ちゃんなん？？」

田舎者の知ったかぶりにまたムカついた。高崎線はやはり上野を終点にすべきだ。が、まあ大目に見て湘南モノレールの大船駅改札で待ち合わせることにした。妻を誘ってみたが、「群馬」「鉄ちゃん」「オタク」というワードに過剰反応し、あっさりと断られてしまった。朝、愛犬の顔を拭き忘れたのが影響したかもしれない。

再会して、第一声は……

大船駅から見える白い観音様も気になっていたので少し早めに現地入りして訪ねてみることにした。駅裏の急な坂を上ると大船観音が微笑んでいた。白く輝く半身像の観音様は、自分が大好きな建築家坂倉準三と吉田五十八が設計に絡んでいるというのも驚きだった。胎内のような内部空間をお参りし、外へ出ると大船の街が一望できた。海は見えなかったが、緑に包まれた丘陵が点在し、この地特有の凹凸地形が手に取るようにわかった。この複雑な地形をモノレールがどのように克服しているのか、乗車前から期待が高まる。

待ち合わせの時間に大船駅のモノレール改札へ行くと、30年ぶりの高校時代の友人が、すっかりオヤジ化して佇んでいた。猫背のシルエットは高校のときと変わりない。声をかけた友人からの第一声は、「おー！　久しぶり！　老けたんね」だった。それはお互い様である。「おー変わらないね」が第一声の決まり文句だろ（怒）。

チケットを買おうとすると、友人が聞いてきた。

「あれ、大船観音には寄らないいん？　吉田五十八が設計にたずさわったらしいんさ」

「さっき見てきちゃったんだ。高崎の白衣観音みたいな全身像じゃないよ。時間に余裕があったら帰りにでも寄ってみない？」

駅に停車中の懸垂式の湘南モノレール。

「なんだ。行ったべーなんかい？」

「それ群馬弁だよ」

「失礼。行ったばいなんかい？」

それも群馬弁である。改札を抜けると3両編成の車両がホームに入っていた。足元が浮いているところが何とも奇妙な印象だ。2人して上部構造に目をやる。湘南モノレールは「懸垂式」という形式で、車体を上部のレールから吊るのが特徴だ。モノレールにはもうひとつ「跨座式」というものがあり、羽田空港へと向かう東京モノレールがその代表事例だ。

「懸垂式のメリットは雪でも走行が可能と聞いていたけど、なるほど車輪とレールがカバーで保護されてるんね。これなら車輪がスリップをするリスクも軽減できらいね」

乗り鉄の友人は分析的だ。元鉄ちゃんとして負けじと疑問を投げかけてみた。

「上部レールが鉄でできているけど、レールがコンクリートの跨座式に比べると鉄の熱伸びに配慮が必要なんじゃないかな？」

「鉄とコンクリートの熱膨張係数はほぼ同じだよ。常識だよ。知らないの？　鉄ちゃんなのに」

いちいちムカつく奴だ。鉄ちゃんは概して説明好きだが、建築家の理屈っぽさが加わり、扱いづらいったらありゃしない。話題を変えてみた。

「密着式の連結器が運転席上部にあるのも独特だね」

「連結の接点は懸垂の支点近くにしておかないと、捻じれが生じ連結器に負荷がかかるからなんさ」

「それじゃあ理想を言えば車輪の近くがもっとも合理的ってことだね。連結器を車体に付けるんじゃなくて、レールをカバーする箱内にコンシールドする工夫があってもいいんじゃないかな？」

「そんじゃメンテナンスがよいじゃねんさ」

「固定編成だから日常的には点検不要なはずだよ。それでも鉄ちゃん？」

大船駅を後に出発進行！　大船観音が恨めしそうだ。

乗り遅れそうになり車両に駆け込む（よい子は駆け込まないでね）。先頭車両の運転台のすぐ後ろを陣取ることにした。父と小学生の親子連れがすでに運転台の窓にはり付いていた。発車ベルが止み、車体が静かに動きはじめる。スムーズでなかなかの加速だ。カタパルトから発艦する艦載機のように、足元が開放された。レールが頭の上にあるので足元直下に日常風景が広がっているのが何とも奇妙で新鮮な印象である。駅前に停車する車やバスの上を軽々と飛行するかのようだ。振り返ると大船観音が恨めしそうにこちらを見ていた。

山岳の民を乗せて、モノレールは行く

大船駅を発ったモノレールは優雅なS字

ジェットコースターのように軽快に疾走するモノレール。

カーブを軽快に走り抜け、車体がカーブに合わせて右へ左へと大きく傾く。自信のみなぎるカーブでのたくましい加速にぞくぞくする。モノレールならではの機動性に二人して思わず「おーっ！」と声を出してしまった。

「ゴムタイヤ特有の加速感だいね。遠心力を計算してレールにカントが付けられてるんかね？」

友人は分析する。レールを支える支持脚も場所に応じた形式を持ち、土木構造的にも興味深い。横須賀線を跨ぎ、富士見町駅に着く手前、草に覆われた廃線跡を車窓から発見した。

富士見駅の相対式ホームを出発すると、前方に緑に包まれた丘陵地が見えてきた。車体は緩やかに上昇を始める。正面を遮る丘陵は向かって右側が岬状になっていた。丘陵突端に何があ

切通しを軽快に越えるモノレール。

るか気になり地図を確認した。北野神社が祀られているらしい。モノレールはトンネルではなく、丘陵の裂け目を軽々と越えてゆく。峠を越える瞬間、車窓の両側に目をやる。ほぼ同じ標高の丘陵断面が見て取れたので、自然の谷間ではなく人工的な切通しだと判断する。露出した岩肌の色から凝灰岩だろう。

「最初の山は何てことなかったんね」

山岳の民《たみ》群馬県民の友人は軽口をたたく。

丘陵の裏には別世界が広がっていた。湘南町屋駅の西側には広大な沖積平野が広がり、圧巻の近代的な工場群が視界を埋めていた。日本経済を支える壮観でエリートな光景だ。

湘南町屋駅を出発したモノレールは一旦

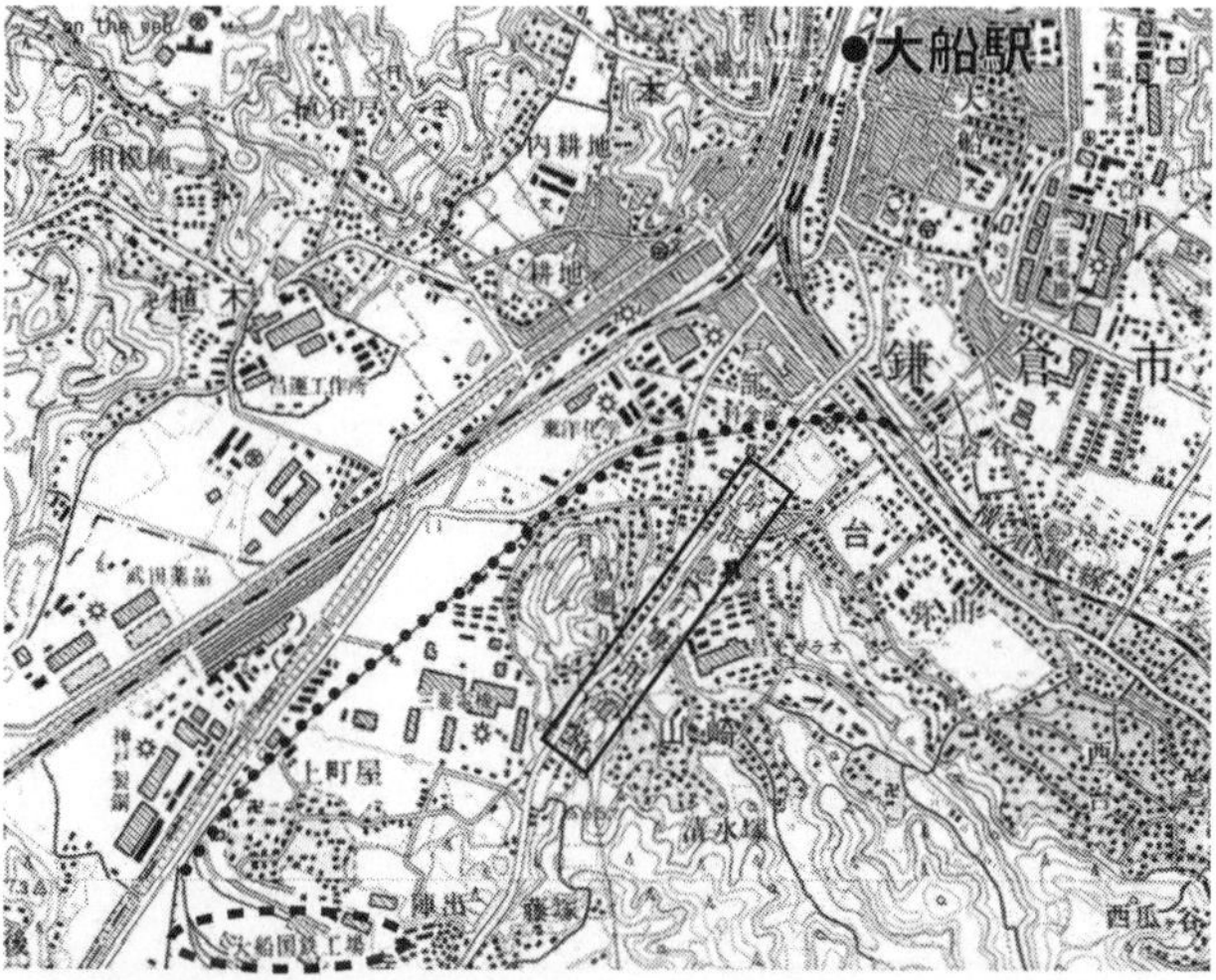

1960年頃の同じ範囲の地形図。車窓から見えた廃線跡はかつての「国鉄大船工場」への引き込み線だったことがわかる（カシミール3Dを使って作成）。

大船駅から湘南町屋駅までの凹凸地形図（カシミール3Dを使って作成）。

上昇した後、一直線に低地へと下りてゆく。車両の前方が傾き、急降下をするように速度を増す。谷底の地名を地図で確認すると「深沢」とあった。幾筋もの川が集まる場所に違いないと思い、車窓から目を凝らすと幾筋かの水路の存在が確認できた。

谷底にある湘南深沢駅の進行方向には、緑に覆われた次なる山が立ちはだかっていた。駅を出た車体が上昇をはじめる。加速時にもモーター音が気にならないのは、モーターが上部車輪近くに収納されているからだろう。不快な振動もなくモノレールは一直線に、そして意を決したように静かに立ちはだかる山へと向かってゆく。

起伏ある地形に合わせ、軽快に降下と上昇を繰り返すモノレール。

「今度の山は手強そうだ」

そう言うと、隣にいた友人がゴクリと唾をのみ込んだ。地図で確認すると前方に見える山は鎌倉山のようだ。

「あれは鎌倉山だ」

「結婚式とかで出てくるヤツだいね」

友人は短絡的にローストビーフが頭に浮かんだのだろう。車体は鎌倉山に穿かれたトンネルに吸い込まれてゆく。運転台から前方を見ていると、まさに車体が浮いているかの如しで、宇宙空間を浮遊する小惑星に開いた穴をくぐり抜けるミレニアム・ファルコン号のようである。長いトンネルを抜けたモノレールは大きく蛇行しながら谷へ向かって降下をはじめた。下降する車窓からは遊水池や蛇行する川が確認できた。西鎌倉駅がほぼ谷底らしく、交差点名を地図で確認すると「赤羽」とあった。赤土（関東ローム層）に覆われた、泥はねの多い土地柄だったのかもしれない。

トンネルを抜けると、そこは……

西鎌倉駅を発ったモノレールは再び上昇に転じ、蛇行しながら次なる山の頂を目指しているようだ。再びトンネルかと思ったが、車体はグングンと高度を上げ、山頂近くの片瀬山駅では、街に寄り添うようなレベルで着駅した。これまでは街を見下ろしてきたのに車窓と同じレベルに日常風景があるのが何とも不思議だった。道路を歩く女子高生や駐車場で煙草をふかすサラリーマンと目が合わないように気をつける。

さらにモノレールは蛇行を繰り返しながら上昇後下降し、高度を維持したままスリバチ状の谷間につくられた目白山下駅に停車した。丘陵を抜けた車内が明るくなり、視界が開

片瀬山付近では、モノレールは周辺の町と同じレベルを走る。

車窓からも遠くに湘南の海を見ることができる。

湘南深沢駅から目白山下駅までの凹凸地形図（カシミール3Dを使って作成）。

けた。スリバチの空は広いのだ。

「おー！　海だ海だ！　江の島が見え〜てきた〜♪」

　群馬の友人はコーフン気味だ。残念ながら江の島はまだ見えていない。運転台の後ろに一緒にいた小学生は、いつの間にか父と着席していた。

「湘南はいいんね。江の島といえばやっぱサザンだいね」

　気持ちはわかるがサザンオールスターズは茅ヶ崎である。大胡と笠懸（群馬のローカルな地名）を間違えると怒るくせに。目白山下駅前方に新手の山が迫っていた。これまで蛇行を繰り返したモノレールの軌道は前方の山へと向けられて

終点の湘南江の島駅。

いた。薄暗いトンネルの開口が手招きしているようだ。

「いざ！　江の島へ!!」

群馬の友人はテンションマックスだ。2度目のトンネルをすり抜けた車体は最終駅である湘南江の島駅に滑り込んだ。モーター音が静まり、ドアが開いた。乗客がホームへと溢れ出る。レールがドンツキで終点駅のムードが漂う。

「中央前橋駅みたいんね」

上毛電鉄とは違うのだよ、上電とはな、と思いつつ、ホームのある地上5階から階段で下りる。途中に運転の模擬体験ができるシミュレーターがあり、先ほどの親子が陣取っていた。友人は悔しそうだ。

巨大な駅舎を出て、人が流れる方へついて行

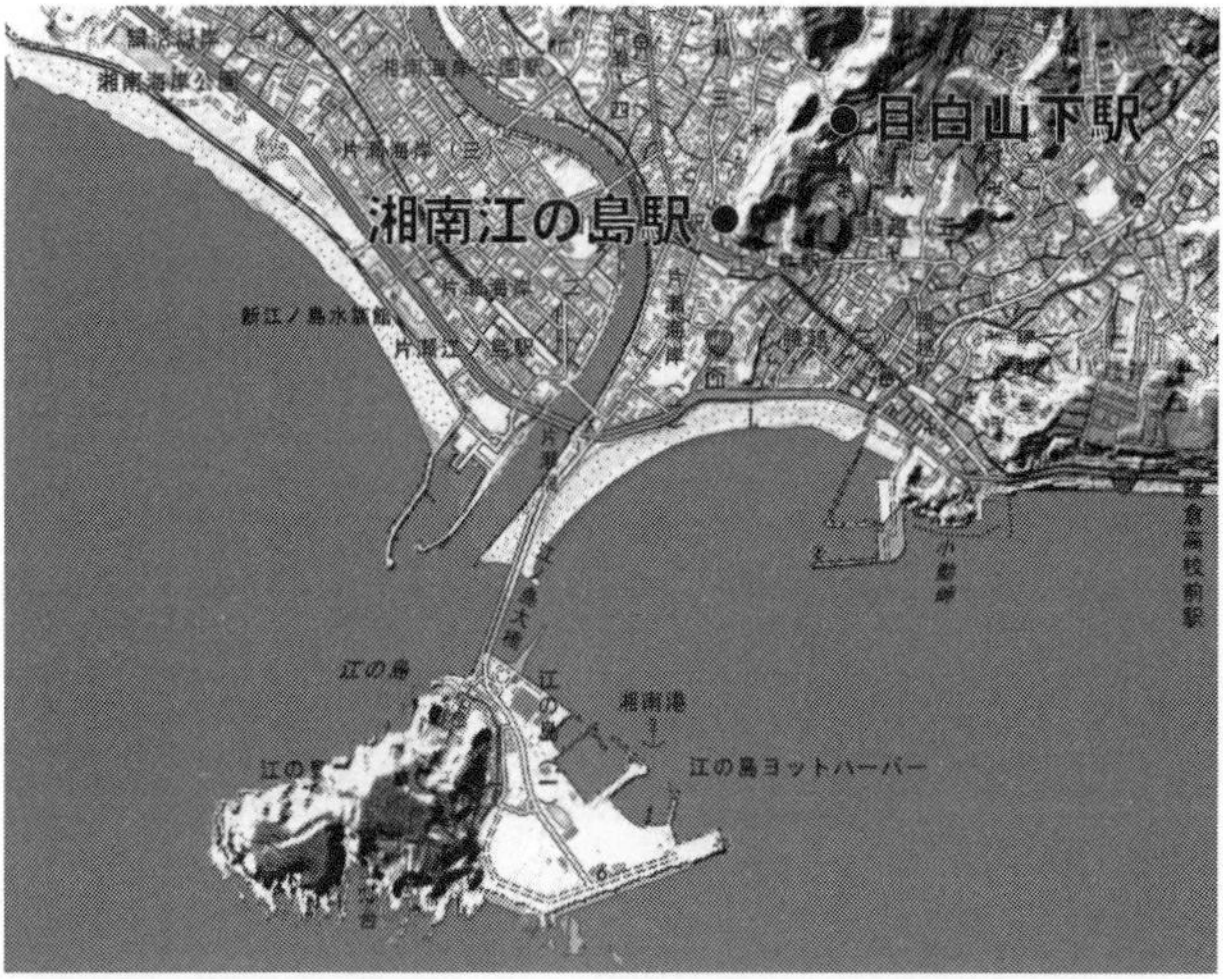

片瀬山駅から湘南江の島駅、江の島周辺の地形図（カシミール3Dを使って作成）。

く。江の島はこの道の先にあるのだろう。歩いてすぐに江ノ電の江ノ島駅があり、駅前は自撮りの観光客たちで賑わっていた。江ノ電を下車した人たちがなだれ込み、通りは人でいっぱいだ。両側には雑貨店や土産物、食べ物屋さんが並び、「生しらす丼」と書かれた看板が目に留まる。海なし県の群馬では釜揚げしらすやちりめんじゃこは一般的だったけど、生のしらすがあるなんて子どもの頃は想像すらしなかった。友人も同じなのか、生しらすに反応していた。やはりここは湘南なのだ。

　通りはゆるやかな上り坂だった。海岸砂丘（浜堤）か江の島へと続くかつての

観光客で賑わう江の島へと至る通り。

尾根筋か判断は難しい。

　坂を上り終えると正面に江の島が見えてきた。そのまま橋の手前まで歩き、橋詰広場で海を眺めた。夕日できらめく湘南はキラキラと輝き宝石をばら撒いたかのようだ。沖に浮かぶヨットに交じり、大型船のシルエットも見えた。波の音に交じりトンビの鳴き声が響く。あいにく水平線は見えなかったが、空と海がどこまでも続いている。

「海だね」

「やっぱ海は広いんね」

　海なし群馬県民にとって、海の存在自体が驚きなのだ。

　ぼんやりと海を眺めながら30年振りの再会に感謝した。建築に憧れ、お互い職として就いた

憧れの江の島へと続く道。

幸運。女の子にモテようとギターを練習した日々。「互いにギター、鳴らすだけで、わかり合えてた、奴もいたよ」というサザンの歌詞が頭をよぎるが、自分たちはその域まで到達できなかったな。まあいいか。

「はあ、けーるんべーや」

「えっ、もう帰るの??」

遥々やってきた群馬の鉄ちゃんは、江の島に興味はないらしい。典型的な陸繋島としての江の島や、片瀬川が形成した陸繋砂州（トンボロ）を見たかったのに。上陸して「岩屋」と呼ばれている隆起海食洞窟もみたかったのに〜。

次回は妻と一緒に来ようと思った。朝、犬の顔を拭くのを忘れなければ大丈夫だ。そして生しらす丼を食べに行こうと誘えばきっと来てく

海なし県民にとっては永遠の憧れ、湘南の海。

れるはずだ。
湘南モノレールに乗って。

エピソード8

地形マニアと鉄オタの湘南モノレール乗車体験記　後編

ふたたび、江の島へ

前エピソードの基になったWEB記事「地形マニアと鉄ちゃんの凸凹乗車体験記〜湘南モノレールに乗って」が、それなりの反響があったことに勇気づけられ、東京スリバチ学会主催の湘南モノレールを絡めたまち歩きイベントを企画してみた。大船駅から湘南江の島駅まで、湘南モノレールには乗らないで、凹凸地形を味わいながら路線周辺の魅了スポットを歩いてまわろう！　みたいなノリの街歩きイベントだ。定員40名で自分の知人を中心に募集をかけたところ、あっという間に定員に達してしまった。地形街歩きだけではなく、湘南モノレールや生しらす丼への関心の高さをうかがわせる。

東京スリバチ学会が開催する街歩きイベントは、原則参加費無料・現地集合・現地解散・雨天決行だ。自分も下見することなく、ぶっつけ本番の（いい加減な）スタイルで続けている。その方が自分も楽しめるし、何が起こるかわからないライブ感もいいよね（←

無責任！）。

街歩きの集合場所は湘南モノレールの大船駅改札前とした。そう、前エピソードで書いた群馬在住で幼馴染の鉄ちゃんと待ち合わせをした場所だ。その鉄ちゃんにも誘いのメールを送っておいたが、結局返事は来なかった。「湘南モノレールには乗らずに、江の島まで行くイベントだよ」と伝えたので、興味が湧かなかったのかもしれない。だいたい群馬県民は歩くことが嫌いなのだ。

妻も誘ってみたが「歩くだけなら行かない。勝手に行ってきて（不機嫌）」だった。朝、犬のトイレシートを交換するのを忘れたのが影響したのかもしれない。

集合時間になると、大船駅の改札前に続々と参加者が集まった。スリバチ学会の中でも、今回は鉄道趣味のメンバー（「東京すりてつ学会」という分科会）が多い。東京近郊や遠く宮城県や名古屋から遥々やってきたもの好きもいた。そして何と、ＷＥＢメディア「ソラdeブラーン」』でもお馴染み・宮田珠己さんもウワサを嗅ぎつけ来てくれた。実は初対面だったのだが、さっそく意気投合。いつの間にか宮田さんはスリバチ学会の変人たちとも打ち解けている。

湘南モノレールを初めて見る人も多いようで、ホームに入線している車両にみんな興味津々だ。改札から身を乗り出して写真に収めている。端から見ていると、いい大人が大勢で車両の写真を撮りまくる光景は、やはり異様である。改札からはちょっと距離を置き、イベントをスタートさせることにした。

湘南街歩き、スタート

簡単なガイダンスを済ませ、早速歩きはじめる。東京スリバチ学会主催「湘南モノレールには乗らないでツアー」のスタートだ。東京スリバチ学会の街歩きイベントでは、自わからの解説は最小限にしている。「各自が自分で気づき、素直に驚いて周りの人を巻き込んで喜ぶ」をコンセプトに掲げているからだ。とか言うと何か格好いいが、まあいろいろと用意したり、説明するのが面倒くさいだけだ。

駅前のデッキを歩きはじめたら、早速何人かがデッキの片隅で立ち止まっている。大船駅の建屋から飛び立つようなモノレールの写真を撮るためになのだろう。写真を撮ろうと待ち構えるとモノレールはなかなか現れないものだ。みんなその場から離れようとしない。

東京スリバチ学会主催の「湘南モノレールには乗らずにツアー」がスタート！

デッキ上を占領するのも迷惑なので、構わず歩き続けることにした。

　東京スリバチ学会の街歩きは基本「自己責任」で行っているため、迷子になっても自分ではフォローしていない（参加者同士がフォローし合っているらしいけどね）。だから解散の頃には人数が減っている、なんてこともしばしばだ。来るもの拒まず、去る者追わずだ（←少々意味が違うかな）。けれども今回は迷子になっても本体に合流することが比較的容易だと思う。なぜなら湘南モノレールの直下に道路が走っているからだ。

　モノレールの軌道直下の道はかつて「京浜急行自動車専用道路」と呼ばれたもので、元々は大船と江の島海岸を結ぶ鉄道を敷設するための用地だった。鉄道建設が頓挫したため、取得済だった用地を、自動車専用道路として整備したのが日本初の専用私道・京浜急行自動車専用道路だった。湘南モノレールの建設は、この京浜急行自動車専用道路の直上が利用された。用地確保で難航する他の鉄道路線に比べると、スムーズに開業に至ったのは、湘南モノレールの出資者のひとりが京浜急行だったからである。ちなみに軌道直下の京浜急行自動車専用道路は現在、鎌倉市と藤沢市に売却・譲渡され一般市道に移行している。

それにしても、モノレール軌道に沿って歩けるのは予想以上に贅沢な体験だった。いつもの街歩きに加え、定期的に今回の主役であるモノレールが現れるのだから。頭上をモノレールが飛ぶように走り抜け、そのたびに歓声が上がった。参加者みんなのテンションは上がりっぱなしだ。

頭上を疾走する湘南モノレール。その雄姿にみんな惚れ惚れ。

懸垂型の湘南モノレールはゴムタイヤ・空気バネ（サスペンション）を用いているので、騒音も比較的小さい。みんなの会話を邪魔することなく、頭上をクールに通過してゆく。そして懸垂式のモノレール車両下部は、見られることを意識していないためか、何だかデリケートな感じがする。心をゆるしたペットが柔らかいお腹を見せている感じだ。みんな思い思いの写真をカメラやケイタイに収めている。

それぞれ専門知識をふるまうマニアたち

ＪＲ横須賀線を越える場所では軌道下の道が一旦途切れるため、陸橋の歩道を歩いて横須賀線を越えた。再びモノレールの軌道に近づくと、軌道を支える逆Ｖ字型の橋脚が目に留まった。なかなか大胆なドボク構築物である。参加者にはドボクマニアも多いため、こちらでも盛り上がっている。宮田さんが教えてくれた。

「あの橋脚って、富士山の形をしているでしょ！　で、最寄りの駅が富士見町駅！」

「お〜〜」と歓声が沸き起こる。

富士見町駅の手前で、フェンスで囲まれた廃線跡と交差した。前回、モノレールの車窓から発見し、気になっていたヤツだ。モノレールに乗ったときは一瞬で通り過ぎてしまっ

富士山のような形をした橋脚の間をモノレールが軽快に疾走してゆく。

たけれど、歩くことの良さは、こうしてじっくりと立ち寄れることにある。廃線跡を囲むネットフェンスにみんな張り付き、フェンスの隙間からさかんに写真を撮っている。「何かあるんですか？　何があるんですか？」信号待ちで止まった車の中から声をかけられた。やはり大の大人が大勢でうごめいていると相当あやしいのだろう。

廃線跡には立ち入ることはできないが、錆びた線路とバラストの間から生えてきた植物が、廃線跡の王道とも言える光景を奏でていた。それにしてもこうした廃線跡の風景や廃墟などに惹かれるのはなぜなんだろう。

「この先で、廃線跡を渡れる踏切がありますよ。そこから廃線跡と湘南モノレールを1枚の写真

鉄子さんおススメの廃線跡と湘南モノレールが一緒に見えるスポットから。

に収めることができます！」

参加者のひとりである東京すりてつ学会の鉄子さんが教えてくれた。こういった各分野のエキスパートがいてくれると心強い。アベンジャーズみたいだ。

富士見町駅辺りでは、モノレール軌道下の市道にはバスも走り、この地域の幹線道路となっている様子がわかる。道路沿いにはお店が並び、人通りも多い。歩道を一列で歩きながらもモノレールが通過するたびに、参加者はシャッターを切っている。

前回、モノレールの車窓から見えた小高い丘に立ち寄ることにした。地図に北野神社と記された丘陵の突端のような場所だ。軌道下の道から逸れ、丘陵に近づくと大きな石の灯篭を見つけた。そこが北野神社の参道だった。石の鳥居をくぐると、何処までも続くかのような石の階段が自分たちの前に立ちはだかった。磨り減った急な石段をみんなで恐る恐る上ってゆく。杉の林に包まれた、静寂な参道は昼間でも薄暗い。先ほどまでいた大船駅前の喧騒が嘘のようだ。石段を上りながら大きく深呼吸をした。

たどり着いた山頂に祀られているのは北野神社。ご存じ、菅原道真公（天神様）がご祭神である。だからこの丘は、地元で天神山と呼ばれている。創建は暦応年間（1338年～1342年）とのことで、江戸時代には村の鎮守として崇められ、以降大切にされている。天神様のパワーは絶大なのだ。

北野神社の石の参道。何処までも続いているかのようだ。

天神山の歴史は古く、縄文・弥生の遺跡が発掘されているだけでなく、室町時代にかけては山城があったとのこと。尾根伝いの道は、鎌倉への重要な道のひとつで、新田義貞による鎌倉攻めの洲崎古戦場も、この天神山を含んでいるらしい。

寄り道をしたが、再度モノレール軌道下の

市道に戻り、上り坂を歩きはじめた。丘陵の尾根筋をモノレールは「切通し」で越えることを前回の記事で紹介した。その切通しの手前にコンビニエンスストアがあったので休憩をすることにした。スリバチ学会の街歩きは、ガチな街歩きイベントと違って、寄り道・立ち寄りが多い。軌道にそって走行するモノレールに比べると、なんとも無駄が多く、非効率である。でもそれが街歩きだよね。

街歩きの途中で食べるメンチやアイスは美味しい。自分もアイスを食べながら軌道を行き来する湘南モノレールの車両を見上げる。寄り道している自分たちを、湘南モノレールが軽快な走行音とともに追い抜いて行く。ぼんやりと眺めていたら、通り過ぎる車窓から、こちらに手を振る人影が見えた気がした。ちょっとだけ感動して、応えるように自分も手を振っていた。休憩中だったみんなも、モノレール

急な参道を文句も言わずに上る参加者たち。スリバチ学会のイベントでは階段がないと、物足りないなどと不満をもらす輩がいる。

山頂に祀られた北野神社の本殿。

に向かって手を振っている。微笑ましいけど、大勢の大人がやると何かあやしい。

　両側が崖となっている切通しを歩いて越えた。歩道脇の露出した岩肌を観察した地層マニアが教えてくれた。

「灰白色に見えるから海底で堆積したシルト岩かな。シルトは砂と粘土の中間で、シルトが固結したのがシルト岩だよ」

　スリバチ学会に集う人たちは、自分の得意分野の説明が好きである。一緒に歩くと、とても参考になる（ことがある）。

　高台にある湘南町屋の駅を過ぎると、モノレールは一直線に谷間へと下降していた。なかなかのビュースポットである。懸垂式の湘南モノレールは跨座式モノレールに対する優位性を

コンビニでの休憩中もモノレールがながめられて嬉しい。

湘南町屋駅と湘南深沢駅の間にある一直線の坂道とモノレールの軌道。

湘南深沢駅周辺の賑やかな街並み。昭和レトロな「坂下の商店街」だ。

示すため、あえて過酷な条件の地形に挑むように建設されているらしい。最急勾配も74パーミル（7・4%）というから驚きだ。ちなみにJRの最急勾配は飯田線の沢渡駅と赤木駅間にある40パーミルである。

坂を下りた谷の底にあるのが湘南深沢駅。深沢の地名は、水を満々と湛えた湖がこの地にあったことに由来するらしい。細長い湖は武蔵と相模の国境だったとの記録もある。縄文時代の海進期には、深沢から大船にかけて深い入江があったと地形図を見ながら想像する。

駅周辺は商店街として賑わっていた。坂下には昭和の面影を色濃く残す商店街が多いと東京などで紹介しているけど、土地の高低差と街の佇まいの関係が、場所を変えても見られる法則性が興味深い。モノレールの上空制限で、交差点の信号機が不自然に低いのがなんかカワイイ。

湘南深沢駅前の広大な空き地は、先ほど見た廃線の終点、JR東日本の大船工場があった場所だ。鎌倉市が「第3の都市拠点」として再開発を計画しているらしい。第3とは、鎌倉駅周辺、大船駅周辺に続く拠点と位置付けられているためで、今後の発展が注目される。

「この先に本線から分岐した車両基地があります。見に行きませんか」

モノレールの走行を邪魔しないよう、手が届くくらいの低い位置に設置された信号機。

宮田さんが教えてくれた。なるほど宮田さんが一緒なら車両基地にも入れそうだ。と思ったら、車両基地は誰もが入れるフレンドリーな施設だった。モノレールがお腹を見せて休憩していた。鉄分多めの人たちはみなコーフンしている。引退した車体の運転台部分（カットモデルと呼ぶらしい）が展示されていた。アイドルを囲むように、みんなが群

モノレールのカットモデルに興味津々の参加者たち。スリバチ学会の面々は鉄分が多い。

がる。あらためてじっくりと眺めると、連結器が上部にあるため他の鉄道車両と比べると、独特のフェースである。

「スリバチのふるさと」へ

いよいよ鎌倉山へと上る坂道がはじまった。上空を行き来する湘南モノレールを眺めながら、長い坂道をぞろぞろと歩いて行く。湘南モノレールは鎌倉山をトンネルで越えているので、直下の市道も軌道から離れてゆく。市道の横にある鎌倉山変電所からトンネルの入り口が見えた。トンネルへと吸い込まれてゆくモノレールを見送り、自分たち一行は鎌倉山の頂を目指すことにした。先ほどまで一緒だった湘南モノレールがいなくなると、なんだか寂しい。

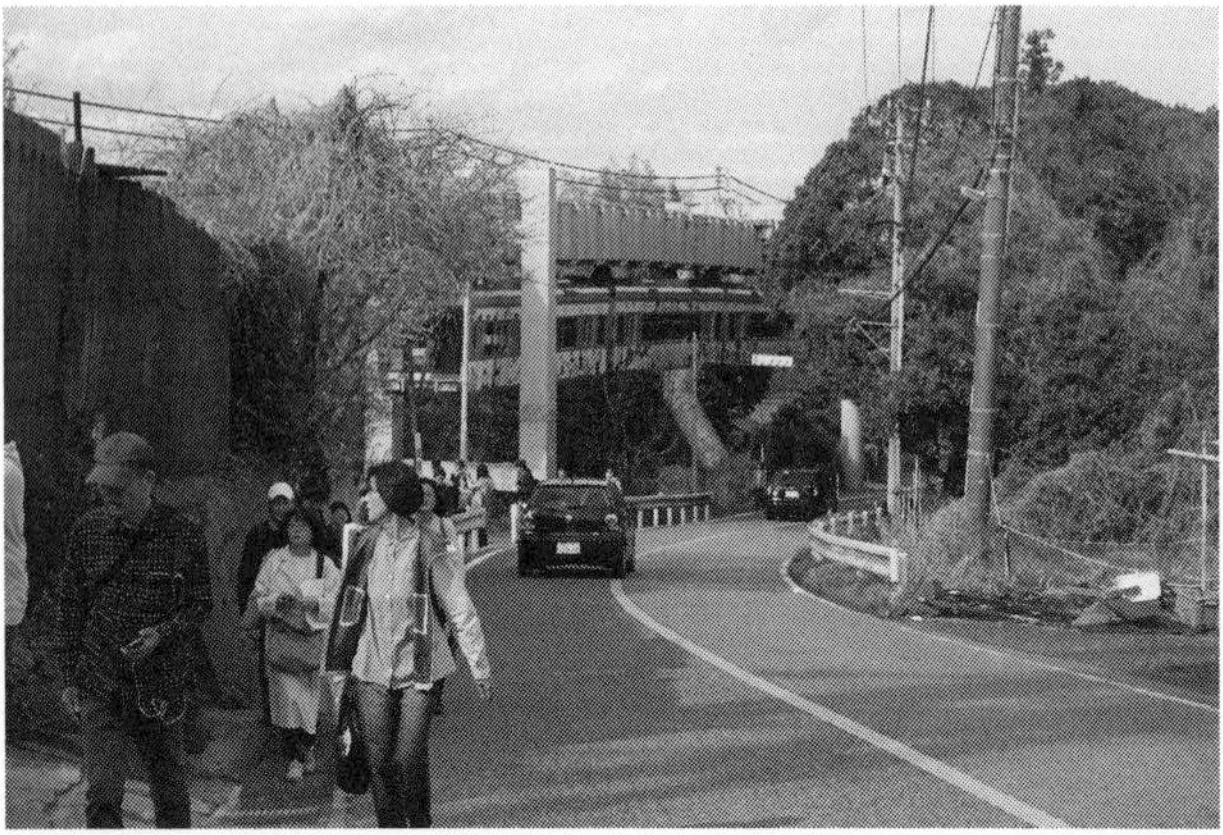

湘南モノレールはトンネルで鎌倉山を越えてゆく。モノレールに見送られて自分たちは山道を上る。

住宅地の坂道を上ってゆくと、「鎌倉山」と彫られた石の円柱の立つロータリーにたどり着いた。石の円柱は関東大震災で倒壊した鶴岡八幡宮の三の鳥居を譲り受けたものだと宮田さんが教えてくれた。セレブ感がすでに漂う、このロータリーから急な坂を上った先が、憧れの住宅地・鎌倉山だ。

ちなみに鎌倉山は地形的には「山」というよりも丘陵地。鎌倉山は日本で初めての丘陵式住宅地として造成され、1928年（昭和3年）に分譲された。1930年には京急自動車専用道路が開通しアクセスも向上した。開発当初は政財界や芸能人などがこの地を買い求め、高度成長期以降に分譲が進んで、現在のような高級住宅地としてのイメージが定

高級住宅地「鎌倉山」への入口にあるロータリー。

着した。
せっかくなのであの有名な「ローストビーフの店・鎌倉山」に立ち寄ってみた。憧れのお店の入り口は、控えめな門があるだけだったが、それが存分に格式の高さを物語っていた。門の先には広大な庭園が控え、瀟洒な日本家屋が木立の隙間から見え隠れしている。門の前で邪魔にならぬよう、みんなで記念写真を撮った。いつかは妻を連れてくるぞと心に誓う。値段を見て、牛丼○杯分だな、という発想はそろそろやめよう。

別荘地のように緑豊かな鎌倉山住宅地を歩いていくと、眺めのいい崖の上に出くわした。遠くに霞んだ山のシルエットが一望でき、キラキ

山頂付近では江の島や相模湾を一望できる。

ラと輝く相模湾が神々しかった。群馬出身の自分にとっては憧れの江の島の全景を見ることができた。みんな思わず「おー!」と声を出し、湘南の絶景に見入っている。坂を上ったご褒美にみんなご満悦だ。

今回のツアーの目的のひとつは、湘南モノレールと地形の対峙を観察することにあったが、鎌倉特有の凹凸地形を歩いて知ることも目的だった。東京スリバチ学会として鎌倉の地形には深い関心を抱いている。鎌倉という地名の起こりも地形的なものとする一説があるからだ。その一説とは、鎌倉の「かま」は「かまど」、「くら」は「谷のようにえぐられた地形」を意味するというもの。たしかに鎌倉市街地の地形は、東・西・北の三方が山で、南が海になっていて、

夫婦池は農業用の灌漑施設としてつくられたもの。

「かまど」の形に似ているとも言える。スリバチ学会的には大きな二級スリバチとも言えなくもない。また、亀ヶ谷津や扇ヶ谷津、佐助ヶ谷津など谷地形を表す地名が多く、局所的なスリバチ状の谷も多いことから、スリバチ学会では鎌倉のことを「スリバチのふるさと」と呼んでいる（←勝手に呼ぶな）。

鎌倉山の住宅地を後にして、夫婦池公園に立ち寄ってみた。笛田村（名前からして豊かな水田が広がっていたのがわかるよね）と呼ばれたこの地に江戸時代、灌漑用の溜池としてつくられたもので、後に中央に堤がつくられ、二つの池に分けられた。池が対になっているので夫婦池と称されているようだ。鎌倉では「谷戸」「谷津」と呼ばれる典型的な地形の公園で、三方が丘陵で囲まれているため二級スリバチに該当する（↑勝手に定義づけるな）。公園は複数の谷戸から構成され、ひとつの谷戸では湧き出る水や、湿地を観察できる。自然が保全された鎌倉らしいスリバチ地形が見られただけで、地形マニアの自分としては大満足だった。

社長、登場！

鎌倉山ロータリーに戻り、江の島への行進を再開する。ようやく峠を越え、下り坂がはじまった。湘南モノレールはまだトンネルの中だが、きっと再会は近い。自然と足取りも早くなる。しばらく坂を下り続けると、モノレールの軌道が前方に見えてきた。トンネル出口近くには高校生くらいの鉄ちゃんが、望遠レンズ付きの大きなカメラを構えていた。軌道から発する走行音がモノレールの接近を知らせ、高校生が脇を絞める。連写音が響き渡り、トンネルから出てきたモノレールが高速で自分たちの脇を通り過ぎていった。やはり気合の入った走りを至近で見るとかなりの迫力がある。

この先の谷間に向かってモノレールの軌道は優雅な曲線を描き、彼方へと続いている。雄大な谷間と、ダイナミックな軌道の奏でる光景が何ともスペクタクルだ。自分たちは遠ざ

トンネル出口には先客の鉄ちゃんがカメラを構えていた。

かるモノレールをしばし見入っていたが、高校生の鉄ちゃんは、ミッションがコンプリートしたのか、自転車に素早く跨り、急な坂道を駆け下りていった。

坂を下り切った交差点には「赤羽」の名があった。「赤羽」という地名は、赤褐色（アカ）と、ぬかるむ泥（ハネ）の赤土、すなわち関東ローム層から転じたとする説がある。東京都北区の赤羽も同じ由来だ。地形的に共通するのは川沿いの低地だということ。この交差点の近くにも神戸川という川が流れていた。しばらく川沿いの道を進むと西鎌倉駅についた。参加者の2人が駅から突然現れ、びっくりする。なにやら疲れたので鎌倉山には上らずに湘南モノレールに乗って先回りしたとのこと。自己責任の街

目線とほぼ同じ高さを疾走する湘南モノレールにカメラを向けえる参加者たち。異様な光景だ。

歩きツアーのフォローを湘南モノレールが肩代わりしてくれている。ありがたい。

西鎌倉駅を過ぎると再び上り坂に転じ、頭上のモノレールも地形に挑むよう走り抜けてゆく。長い坂道を上った先にあるのが片瀬山駅。駅はほぼ山頂にあり、この付近では、先ほどまで上空を疾走していたモノレールが自分たちとほぼ同じ高さを駆け抜けてゆく。片瀬山駅周辺は眺めもよく、湘南の海を遠くに望むことができた。

ピークを越え、湘南モノレールの軌道と共に坂を下りはじめる。坂を下りた谷間にあるのが目白山下駅。上ったり下りたりと、こうして実際に歩いてみると、かなりの起伏があるのがわかった。過酷なその条件に挑むかの

疾走する江ノ電にも興味津々の参加者たち。

ように走る懸垂式モノレールの実力を思い知った。モノレールも偉いが、文句も言わずについてくる参加者たちも偉い。エールを送ろう。

目白山下駅にモノレールが到着し、高架駅から乗客が下りてきた。その中のひとり、スーツ姿の男性が自分たちに近づいてきた。一瞬身構えたが、宮田さんが親しげに声をかけた。どうも知り合いらしく、宮田さんが紹介してくれた。

「あっ、紹介します。湘南モノレールの社長さんです！」

みんな思わずのけぞった（ホント）。社長さんは笑顔でフレンドリーにみんなに話しかけてきた。クレームを言いにきたのではないようで、一同ホッとする。駅前で社長さんを囲んで記念写真を撮った。

目白山下駅から終点の湘南江の島駅まで、モノレールのルートはふたたびトンネルとなっている。並走する道路を歩いて山を越えられなくもないが、迂回をして腰越へと至る坂道を選んだ。個人的に義経好きなので、腰越という土地に興味があったからだ。義経にとって実の兄である源頼朝に、鎌倉入りを嘆願した「腰越状」をしたためた土地として。

社長さんと参加者のみんなは言葉を交えながら、長い坂道を歩いて下りた。社長さんも陽気に受け答えをしてくれている。

「神戸川を渡った先に、鎌倉入りを拒まれた義経がとどまった満福寺があります。寺には弁慶が書いたとされる『腰越状』の下書きが寺宝として伝わっていると聞いています」

社長さんは鎌倉の歴史にも詳しい。自分が鎌倉幕府を滅ぼした新田義貞と同郷であることは伏せておこう。神戸川沿いを歩いて海岸方面を目指す。西鎌倉駅で見た、あの川の下流だと思うと感慨深い。川の流れは地域と記憶をつないでくれる。しばらく歩くと江ノ電が走る賑やかな通りへと出た。通りの両側には古そうなお店が軒を連ね、趣きのある街並みが続いている。自分たちは湘南の街・腰越へとたどり着いたのだ。

4両編成の江ノ電が道路の中央を通り過ぎるたびに、みんなは遠慮なく写真を撮りまくっている。社長さんも一緒に立ち止まって江ノ電を見送る。

予期せぬ再会

湘南江の島駅へと向かう途中、右手に龍口寺の大きな仁王門が見えてきた。寺の名前が気になったので立ち寄ることにした。山門の先に広い境内があり、大きな屋根の本堂が圧巻だ。本堂の右手には五重の塔も見えた。静かな境内で、社長さんから寺にまつわる「日蓮上人の龍ノ口の法難」のエピソードが語られた。

後日調べたことであるが、龍口寺付近を龍ノ口というらしい。『かまくら子ども風土記』によると、「深沢から龍ノ口に至る山の様子が、峰が五つ、谷戸が四つで、五つの頭の龍に似ていることから、江の島の弁財天と結びつけて五頭龍伝説を生んだ」とあった。なるほどこの辺りのヒダの多い丘陵地形は、江の島を追いかける龍に見えなくもない。そしてここが龍の口であることも何となくイメージできる。地形マニアとしては何とも興味深い伝説である。

湘南江の島の駅は龍口寺から歩いてすぐだった。歴史だけでなく湘南モノレールのことなど、いろいろと教えてくれた社長さんともここでお別れ。スーツ姿で気さくに街歩きに同行してくれた社長さんにみんなで感謝！

ヒダの多い丘陵の地形がたしかに「龍」に見えなくもない。大船から湘南江の島まで歩いたルートは点線で示している。

湘南江の島の駅前で休憩していると、モノレールを下車した人達が大勢溢れ出てきた。その中に知った顔を見つけて愕然とした。前回、湘南モノレールに一緒に乗車した、あのグンマーの友人だったからだ。

「記事に書いた『地形マニアと鉄ちゃんの凸凹乗車体験記』で、僕と一緒にモノレールに乗車したグンマーの友人だよ」

と、みんなに紹介すると、歓声が上がった。みんなちゃんと『地形マニアと鉄ちゃんの凸凹乗車体験記』を読んでくれたようだ。友人も得意そうだ。

「湘南町屋駅の手前で、大勢でたむろってたんべ。手を振ったけど、気づいてくれたん?-?-」

車内から手を振っているように見えたのは、この友人だったのか。感動して損をした。

「自分たちは途中、寄り道しながら歩いてきたんだ。モノレールで直接来たの?」

「ああ、モノレールの軌道下を歩くなんて、よいじゃねえんさ（容易じゃないだろう）。わざわざ寄り道ベーしながら（寄り道ばかりしながら）」

「よく言うよ。寄り道だらけな人生のクセに」と思ったが、言うのは止めておいた。お互い、わき道に逸れ、寄り道だらけの人生である。安直に目的地にやってきた友人に少々ムカついていたが、せっかくなので誘ってみる。

「生しらす丼でも食べに行かないか?」

そう問いかけた途端、グンマーの友人から思わぬ答えが返ってきた。

「今日は生しらす丼はねえんさ。水揚げがねーんだってよ。はー、うんまい（注：もう、美味い）しらす丼は食ったたんさ」

得意そうに本日の不漁を告げた友人を恨みたくなったが、それも八つ当たりというものだろう。それよりも、前回の乗車体験をきっかけに、湘南モノレールの虜になった友人は、本日すでに少なくとも1・5往復していることになる。その尋常ならざる群馬の友人に、すりてつ学会の人たちが質問を浴びせていた。友人も嬉しそうに受け答えしている。オタクは無口なやつが多いが、仲間を見つけると饒舌になる。みんな楽しそうだ。

観光客で賑わう駅前の通りを眺めながら、今度こそ妻と一緒に生しらす丼を食べに来ようと思った。二人でならきっと来てくれるはずだ。そして犬のトイレシートの交換を忘れなければ大丈夫だ。

湘南モノレールに乗って。

コラム4

東京の新名所！　高低差を活かした建築の魅力

都市開発は「高低差」からは逃れられない

東京の都心部・山の手で行われている大規模再開発は、土地の造成や改変を伴う場合がある。細分化された敷地が集約され、道路が付け変えられ、崖や急斜面といった「原地形」が大きく変えられるケースも多い。しかし元々あった微地形（1～2m程度の起伏）が変えられようとも土地の「高低差」は必ず残る。

再開発事業が行われる敷地に大きな高低差があるのは東京・山の手特有のことだ。山の手にはスリバチ状とも形容できる微細な谷間や窪地が無数に存在し、再開発エリアが広い場合、土地の高低差と向き合う必要が生じるのだ。

それでは「高低差」とうまく折り合いをつけて、否、うまく活用をして「新名所」と呼ぶべき都市空間あるいは「場」は生まれているのだろうか。歌川広重は幕末期の江戸で、「新名所」を題材に多くの浮世絵を『江戸名所百景』などに残した。その時代に繰り広げ

上野・清水堂不忍池より（歌川広重）：京都の清水寺を模した上野山清水観音堂からの眺望を楽しむ風景。

『江戸名所百景』昌平橋聖堂神田川より（歌川広重）：御茶ノ水渓谷とも呼ばれた土地の高低差がダイナミックな構図だ。

られていた人々の日常をやさしさ溢れる眼差しで描いたものが多いが、台地の突端や崖といった特徴的な風景にとどまらず、開削された人工の谷や水を湛えた溜池や堀、堰や橋などの土木構造物などの題材も多い。変わりゆく日常的な江戸の風景を、好奇心と驚きを持って注視していたのだろう。それでは、広重がこの時代に生きていたならば、描きたくなるような「新名所」は生まれているのか？

東京の「新名所」を歩いて発掘する?!

土地の高低差を巧みに取り入れ、都市に魅力的な公共空間あるいは場を生み出した事例を紹介してゆきたい。取り上げるのは、誰もが利用できる「場」を提供している物件に絞りたいと思う。単なる移動空間にとどまらず、ちょっと立ち止まって時間を過ごしたくなるような居心地のよい場を提供しているか？　あるいは開発されたエリアを越えて、周辺の街と連携して地域を豊かにしているか？　そういった観点で、未来の東京像へ布石を投じているものを個人趣味的にピックアップしてみた。

なお、山の手の物件に限定せず、敷地がほぼフラットな下町低地「川の手」の物件についても高低差の観点で事例を紹介する。誰もが利用できる階段状のオープンスペースは、間違いなく都心の魅力付けに寄与するものばかりだ。

思えば起伏豊かな地形を有する東京の「高低差」はかけがえのない財産ともいえる。世界の都市がうらやむ高低差の「新名所」、その魅力は現地で確認してほしい。

（この原稿を執筆した２０１９年以降に竣工した案件については写真に置き換えた）

山の手事例①　北日ヶ窪とよばれた谷間を俯瞰できる六本木ヒルズのテラス状の階段。足元にあるのは毛利家上屋敷の大名庭園を継承した毛利庭園。

山の手事例②　赤坂サカスでは坂の多い地形を体感できるような多くの階段が設けられている。そのひとつは赤坂駅の地下コンコースへと続いている。

山の手事例③　武蔵野台地の突端に位置する霞が関コモンゲート。外堀通りの軸線上には大階段が設けられ、軸線は日本で最初の超高層建築・霞が関ビルへと続く。

山の手事例④　原地形の高低差を活かすようにテラスを持った商業施設が階段状に連続する。六本木1丁目駅の地下コンコースに光を届ける役割もある。

下町事例①　京橋にあるエドグランでは、地下に新設された連絡通路へと続く階段状の広場が設けられている。まさに劇場的な空間として活かされている。

下町事例②　東京ミッドタウン日比谷には、新設された広場と連続するよう階段状の施設が設けられている。

下町事例③　東京ポートシティ竹芝には、誰もが利用できる階段状の広場が海側に設けられている。

下町事例④　ウォーターズ竹芝には、海を臨む広場と、それを囲む階段状のテラスが設けられた。さらには水上バスの船着き場も新設されている。

おわりに

書籍化にあたり、寄稿文で取り上げた店舗や施設を再度調べ直したところ、閉店・閉業したところがいくつかあった。２０２０年春からはじまったコロナ禍での自粛が影響したのか定かではないが、お気に入りの場所がなくなるのはやはりさみしい。長年地元で愛されていたそれら店舗や施設は、少なくとも自分にとっては、その街のかけがえのない魅力のひとつだった。

街歩きの楽しみのひとつに、地元の方々とのふれあいがあると思う。「町中華」と呼ばれている個人経営の中華料理屋さんや、家庭の味を再現したような定食屋さんに立ち寄った際には、迷惑にならない程度にお店の人に話しかけることにしている。お店のエピソードに加え、生活者目線での街の変遷や、意外なる町の逸話などが聞けたりするからだ。文献からはなかなか得るのが難しい、人の営みや街の息づかいを実感できて、その町をますます好きになる。そしてまた訪れたくなる。

街歩きのなかで、何気ない生活感に触れたり、地元を大切にする人たちあるいはモノに接すると、こちらもなんだか、ほっこりする。地元愛と当たり前のしあわせを分けてもらった感じ。それらとの出会いは自分にとってかけがえのない街の思い出となる。住民に愛され、使いこなされている街は素敵である。人の営みが街を活き活きとさせ、一人ひとりの街とのかかわりや振る舞いが、街の風景を魅力付けているのに違いない。まちづくりって行政や専門家が行うことだけではなく、関わる人の意識や行動も大切なのだと思う。

そんな思いを胸に秘め、今日も街へと出かけたいと思う（もちろんコロナウイルスが終息するまでは感染対策の上で）。とくに目的も持たずに気の向くままに、凹凸地形を意識しながら。どんな出会いが待っているのか、どんな旅になるのか、毎日がエキサイティングで仕方がない。

２０２１年12月　皆川典久

初出

本書は以下の媒体に掲載された原稿を基に加筆・修正を行い、構成しました。

・エピソード0　スリバチ状の谷こそ、東京を知るキーワード?：クレディセゾン「UCカード会員誌　てんとう虫」2018年4月号
・エピソード1　坂の下の街のものがたり　戸越銀座：リクルート「SUUMOタウン」2017年7月
・エピソード2　凹凸地形が育む街の個性　赤羽：リクルート「SUUMOタウン」2017年12月
・コラム1　東京スリバチ学会誕生秘話：イースト・プレス「マトグロッソ」
・エピソード3　光に満ちた坂下の街　麻布十番：リクルート「SUUMOタウン」2018年5月
・エピソード4　アートやB級グルメだけじゃない!?　江古田：リクルート「SUUMOタウン」2019年5月
・コラム2　『ブラタモリ』人気の秘密：クレディセゾン「UCカード会員誌　てんとう虫」2018年4月号
・エピソード5　自由という名のもとに地形と呼応する街　自由が丘：リクルート「SUUMOタウン」2020年5月
・エピソード6　路線バスで渋谷の凹凸地形を堪能する　代官山・渋谷：都市出版株式会社「東京人」2013年6月号
・コラム3　二つの世界を行き来する?　ワーク・ライフ・バランスのすすめ：パソナ「はたラボ」2018年9月
・エピソード7　地形マニアと鉄オタの湘南モノレール乗車体験記　前編：湘南モノレール株式会社「ソラdeブラーン」2018年1月
(原題：湘南モノレールに乗って)
・エピソード8　地形マニアと鉄オタの湘南モノレール乗車体験記　後編：湘南モノレール株式会社「ソラdeブラーン」2018年6月
(原題：湘南モノレールに乗らずに)
・コラム4　東京の新名所！ 高低差を活かした建築の魅力：都市出版株式会社「東京人」2019年7月号

イースト新書Q

Q078

東京スリバチ街歩き

皆川典久

2022年1月11日　初版第1刷発行

発行人　永田和泉
発行所　株式会社イースト・プレス
東京都千代田区神田神保町2-4-7
久月神田ビル　〒101-0051
tel.03-5213-4700　fax.03-5213-4701
https://www.eastpress.co.jp/
ブックデザイン　福田和雄(FUKUDA DESIGN)
印刷所　中央精版印刷株式会社

ISBN978-4-7816-8078-1